普通高等教育"十三五"规划教材

分析化学实验

张雪梅　徐宝荣　吴　瑛　主编

U0301618

第二版

FENXI
HUAXUE
SHIYAN

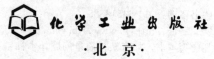

化学工业出版社

·北京·

《分析化学实验（第二版）》包括两部分内容：分析化学实验的基础知识和基本操作，分析化学实验。实验部分主要涉及滴定分析（酸碱滴定、配位滴定、氧化还原滴定、沉淀滴定）、沉淀重量分析、分离富集方法实验、综合实验、英文文献实验等内容，共安排41个实验项目。本书注意教材内容的应用性、实用性、适用性，强调培养学生分析化学中"量"的概念与独立解决实际分析测试问题的能力。

　　《分析化学实验（第二版）》可作为化学类专业本科生的教材，同时适用于农林类相关专业，也可作为科研、生产部门有关科技人员的参考书。

图书在版编目（CIP）数据

分析化学实验/张雪梅，徐宝荣，吴瑛主编．—2版．
北京：化学工业出版社，2017.8（2025.1重印）
普通高等教育"十三五"规划教材
ISBN 978-7-122-29911-6

Ⅰ．①分…　Ⅱ．①张…②徐…③吴…　Ⅲ．①分析化学-
化学实验-高等学校-教材　Ⅳ．①O652.1

中国版本图书馆CIP数据核字（2017）第135293号

责任编辑：宋林青　　　　　　　　　　　装帧设计：史利平
责任校对：宋　玮

出版发行：化学工业出版社(北京市东城区青年湖南街13号　邮政编码100011)
印　　装：三河市双峰印刷装订有限公司
787mm×1092mm　1/16　印张10　字数240千字　2025年1月北京第2版第7次印刷

购书咨询：010-64518888　　　　　　售后服务：010-64518899
网　　址：http://www.cip.com.cn
凡购买本书，如有缺损质量问题，本社销售中心负责调换。

定　　价：22.00元　　　　　　　　　　　　　　版权所有　违者必究

《分析化学实验（第二版）》编写人员

主　　　编　张雪梅　徐宝荣　吴　瑛

副 主 编　年　芳　李辉勇　白　玲　周　军　高金玲　臧晓欢

编　　　者

安徽科技学院	张雪梅	徐冬青	刘　川
东北农业大学	徐宝荣	白靖文	刘佳音
江西农业大学	白　玲	李铭芳	龚　磊
	汪小强	吴东平	
甘肃农业大学	年　芳	胡　冰	
湖南农业大学	李辉勇	刘登友	周　军
河北农业大学	臧晓欢	常青云	
塔里木大学	吴　瑛	王咏梅	
黑龙江八一农垦大学	高金玲		

《分析化学实验（第一版）》编写人员

主　　编	胡广林	张雪梅	徐宝荣	
副主编	王　芬	吴　瑛	年　芳	李辉勇
	白　玲	杨雪蕊	周文峰	

编　　者

海 南 大 学	胡广林	杨雪蕊	胥　涛	王　江
	陈俊华	王小红		
安徽科技学院	张雪梅	王海侠		
东北农业大学	徐宝荣	白靖文	高　爽	
沈阳农业大学	王　芬	李永库		
中国农业大学	周文峰	高海翔	彭庆蓉	
江西农业大学	白　玲	李铭芳	龚　磊	
甘肃农业大学	年　芳			
湖南农业大学	李辉勇	刘登友	周　军	
河北农业大学	臧晓欢	常青云		
塔 里 木 大 学	吴　瑛	王咏梅		

前　言

　　化学是一门实践性很强的学科，实验占有极其重要的地位，通过分析化学实验，可加深对分析方法原理及有关理论的理解，并能灵活运用所学理论知识指导实验操作；通过分析化学基本实验及综合实验技能训练，可掌握分析化学实验基本操作技术和典型的分析测定方法；通过基本实验的严格训练，可熟练掌握规范化的基本操作。本书的最大特点是根据新的教学内容和实践教学改革的发展态势，并结合农林类院校化学类专业的特点，吸收国内外同类教材的优点，对分析化学实验教学内容进行了系统的整合，减少验证类实验，增加了综合性实验，力求实验内容和专业相结合，提高学生的实验动手能力、分析和解决实际问题的能力，编写中特别注意了教材内容的应用性、实用性、适用性，强调培养学生分析化学中"量"的概念与独立解决实际分析测试问题的能力，为后续专业课程的学习打下扎实的基础。

　　本书为农林类院校应用化学专业系列教材之一，全书详细介绍了各种分析方法的原理、测定步骤、基本操作、常用试剂的配制方法、分析实验室的一般基本知识和常用分析仪器的形状、规格、用途及使用注意事项等。本书内容实用、通俗易懂。

　　本次修订由8所大学共同完成，由张雪梅（安徽科技学院）、徐宝荣（东北农业大学）、吴瑛（塔里木大学）担任主编，主编对全书进行组织、审阅、修改，最后通读和审定。本书编写和出版过程中，得到了化学工业出版社和各参编学校的支持和指导，在此一并致以衷心的感谢。

　　由于编写时间仓促，加之编写人员水平有限，书中不尽完善和疏漏之处，恳请读者和同行专家批评指正。

编　者

2017 年 5 月

第一版前言

　　分析化学实验是高等院校理、工、农、医等各个专业的重要基础课之一，是分析化学教学体系的重要组成部分。本书是为配合普通高等教育"十二五"国家级规划教材项目申报，由化学工业出版社组织编写的农林类院校化学类专业系列教材之一。本书可作为化学类专业的分析化学实验教材，同时可用作农科相关专业开设分析化学实验课程的教材，也可作为科研、生产部门有关科技人员的参考用书。

　　本书编者从高等农林院校化学类专业的特点出发，结合教学实践经验，在参考同类优秀教材的基础上，编写了本教材。编写中特别注意了教材内容的应用性、实用性、适用性，强调培养学生分析化学中"量"的概念与独立解决实际分析测试问题的能力。本书主要内容包括两部分：分析化学实验的基础知识和基本操作，分析化学实验。实验部分主要涉及滴定分析（酸碱滴定、配位滴定、氧化还原滴定、沉淀滴定），沉淀重量分析，吸光光度分析，分离富集方法，综合实验，英文文献实验等内容，共安排 41 个实验项目。

　　本书由 10 所大学共同编写完成，由胡广林（海南大学）、张雪梅（安徽科技学院）、徐宝荣（东北农业大学）担任主编。主编对全书进行组织、审阅、修改，最后通读和审定。

　　本书在编写、出版过程中，得到了化学工业出版社、各参编学校的支持和指导，在此一并致以衷心的感谢。

　　由于编写时间仓促，加之编写人员水平所限，书中不尽完善和疏漏之处，恳请读者和同行专家批评指正。

编　者

2010 年 5 月

目　录

第一章 分析化学实验基础知识

分析化学是一门实践性非常强的学科，因而与分析化学理论课密切相联的分析化学实验目前在普通高等学校一般独立设课，是化学化工类专业的重要基础课程之一。通过本课程的学习，能使学生加深对分析化学基本理论与基本概念的理解；掌握分析化学实验的基本操作技能；培养学生良好的实验习惯、实事求是的科学态度、一丝不苟的科学作风；在实验过程中培养学生观察现象、发现问题、分析问题与解决问题的能力；树立"量"的概念，将"误差"概念贯穿在整个实验过程中；掌握正确处理实验数据的方法，规范实验报告的书写。

第一节 分析化学实验室安全知识

在进行分析化学实验时，经常使用水、电、气，易燃、易爆、有毒、有腐蚀性的各种化学试剂，易破损的玻璃仪器及精密的现代分析仪器。为了保证分析实验的正常进行，确保实验工作人员的人身安全及实验室财产安全，确保周围环境不受到污染，每一个实验工作者都必须从自身做起，珍惜自己，爱护他人，严格遵守实验室安全规则，严格遵守实验室中的安全操作规范。遇到突发事件必须沉着冷静、正确处理。

一、实验室安全规则

1. 实验室内严禁饮食、吸烟，一切化学药品严禁入口，实验结束后应及时洗手。

2. 离开实验室时，应检查水、电、气、门窗是否关好，严禁将实验室的任何仪器与试剂带离实验室。

3. 使用浓酸、浓碱及其他具有强烈腐蚀性试剂时，切勿溅在皮肤和衣服上。使用浓 HCl、浓 HNO_3、浓 H_2SO_4、$HClO_4$、氨水时，应在通风橱中进行操作。

4. 使用易燃的有机溶剂（如乙醇、乙醚、丙酮、三氯甲烷等）时，必须远离明火，用完后立即盖紧瓶盖，放在通风阴凉处保存。

5. 使用汞盐、砷化物、氰化物等剧毒品时，要特别小心。用过的废物、废液不可乱倒，应集中回收处理。

6. 使用高压气体（如氢气、乙炔等）钢瓶时，必须严格按操作规程执行，钢瓶应置于远离明火、通风良好的地方。切记钢瓶更换前应保持一部分压力。

7. 实验中，如发生烫伤和割伤应及时处理，严重者应立即送医院治疗。

8. 实验室如发生火灾，要保持镇静，立即切断电源与气源，并根据起火原因采取针对性的灭火措施。

9. 保持实验室整洁。固体废弃物，如废纸、火柴杆、玻璃碎片等，应扔入废物桶内；废酸、废碱应小心倒入专用废液桶内，严禁倒入水槽，以防水槽堵塞和下水管腐蚀。

二、实验室意外事故处理

1. 割伤与烫伤处理

割伤是实验室中经常发生的事故。发生割伤时，首先应将伤口内异物取出，用生理盐水或硼酸溶液擦洗伤处，涂上碘酒或紫药水，用纱布包扎，或使用创可贴，必要时在包扎前撒些消炎粉。如果伤势较重，则应用纱布按住伤口止血后，立即送到医院清创缝合。

烫伤时，立即涂上烫伤膏。切勿用水冲洗，更不能把水泡刺破。

2. 化学试剂烧伤处理

浓硫酸烧伤时，立即用大量水冲洗，再用饱和碳酸氢钠溶液冲洗。在用水冲洗后，涂上烫伤膏。

浓碱烧伤时，立即用大量水冲洗，再用1％～2％的醋酸或硼酸溶液冲洗。在用水冲洗后，涂上硼酸软膏或氯化锌软膏。

酸溅入眼睛时，不要搓揉眼睛，应立即用大量水冲洗，再用2％～3％的四硼酸钠溶液冲洗眼睛，再用水冲洗。

碱溅入眼睛时，不要搓揉眼睛，应立即用大量水冲洗，再用3％硼酸溶液冲洗眼睛，再用水冲洗。

溴烧伤时，应立即用大量的水冲洗，再用酒精擦洗至无溴液，然后涂上甘油或烫伤膏。

应注意的是：化学试剂烧伤严重，特别是化学试剂溅入眼睛时，应在紧急处理后，立即送至医院治疗。

3. 吸入刺激性气体与有害气体的处理

在吸入煤气、硫化氢气体时，立即到室外呼吸新鲜空气。在吸入刺激性或有毒气体如氯气、氯化氢、溴蒸气时，可吸入少量的酒精与乙醚的混合蒸气解毒。

4. 有毒物质入口的处理

在遇有毒物质侵入口中时，应立即内服5～10mL硫酸铜的温水溶液，用手指伸入喉部促使呕吐，然后立即送医院治疗。

5. 触电处理

不慎触电时，立即落下电闸切断电源，尽快用绝缘物将触电者与电源隔开，必要时进行人工呼吸，严重时送医院治疗。

6. 火灾处理

实验室不慎发生火灾时，千万不要惊慌失措、乱叫乱窜，或置他人于不顾而只顾自己，或置小火于不顾而酿成大灾，应立即切断电源与气源。着火面积大、蔓延迅速时，应选择安全通道逃生，同时大声呼叫同室人员撤离，并尽快拨打"119"电话，及时向消防队报火警。如果火势不大，且尚未对人造成威胁时，应根据起火原因采取针对性的灭火措施。小火可用湿布或石棉布盖熄，如着火面积较大，可用泡沫灭火器或二氧化碳灭火器。有机溶剂着火，切勿用水灭火，而应用二氧化碳灭火器、沙子和干粉等灭火。加热时着火，立即停止加热，关闭煤气总阀，切断电源，再用四氯化碳灭火器或二氧化碳灭火器灭火，不能用泡沫灭火器灭火，以免触电。衣服着火时，应赶紧设法脱掉衣服或就地打滚，压灭火苗。

第二节　化学试剂的有关知识

1. 化学试剂的分类、规格

化学试剂的纯度对实验结果准确度的影响很大，不同的实验对试剂纯度的要求也不相同，因此必须了解试剂的分类标准。化学试剂产品有成千上万种，按组成分为无机试剂和有机试剂两大类；按用途可分为标准试剂、一般试剂、高纯试剂、特效试剂、仪器分析专用试剂、指示剂、溶剂、生化试剂、临床试剂、电子工业专用试剂、食品工业专用试剂等。世界各国对化学试剂的分类和分级及标准不尽相同。国际标准化组织（ISO）和国际纯粹化学与应用化学联合会（IUPAC）也都有很多相应的标准和规定。例如：IUPAC对化学标准的分级有 A 级、B 级、C 级、D 级、E 级。A 级为原子量标准，B 级为与 A 级最接近的基准物质，C 级和 D 级为滴定分析标准试剂，含量分别为（100±0.02）％和（100±0.05）％，而 E 级为以 C 级或 D 级试剂为标准进行对比测定所得的纯度或相当于这种纯度的试剂（表 1-1）。我国化学试剂产品有国家标准（GB）和专业（行业，ZB）标准及企业标准（QB）等。

表 1-1 主要国产化学试剂的级别与用途

标准试剂类别（级别）	主要用途	相当于 IUPAC 的级别
容量分析第一基准	容量分析工作基准试剂的定值	C
容量分析工作基准	容量分析标准溶液的定值	D
容量分析标准溶液	容量分析测定物质的含量	E
杂质分析标准溶液	仪器及化学分析中用作杂质分析的标准	
一级 pH 基准试剂	pH 基准试剂的定值和精密 PH 计的校准	C
pH 基准试剂	pH 计的定位（校准）	D
有机元素分析标准	有机物的元素分析	E
热值分析标准	热值分析仪的标定	
农药分析标准	农药分析的标准	
临床分析标准	临床分析化验标准	
气相色谱分析标准	气相色谱法进行定性和定量分析的标准	

化学试剂的纯度较高，根据纯度及杂质含量的多少，一般可将其分为四个等级（表 1-2）。

表 1-2 试剂规格和适用范围

等级	名称	符号	标签颜色	适用
一级品	优级纯	G. R.	绿色	精密分析实验
二级品	分析纯	A. R.	红色	多数分析试验
三级品	化学纯	C. P.	蓝色	一般化学实验
四级品	实验试剂	L. R.	棕色等	一般化学制备实验

以上按试剂纯度的分类法已在我国通用。化学试剂除上述几个等级外，还有基准试剂、光谱纯试剂及超纯试剂等。基准试剂相当或高于优级纯试剂，是专作滴定分析的基准物质，用以确定未知溶液的准确浓度或直接配制标准溶液。光谱纯试剂主要用于光谱分析中的标准物质，其杂质用光谱分析法测不出或杂质低于某一限度，纯度在 99.99％以上。超纯试剂又称高纯试剂，是用一些特殊设备如石英、铂器皿生产的。

2. 化学试剂的合理选用

实验时根据实验的要求，例如分析方法的灵敏度和选择性、分析对象的含量及对分析结果准确度的要求等，合理地选用相应级别的化学试剂。由于不同规格的同一种试剂其价格相差很大，因此，在满足实验要求的前提下，选用试剂的级别应就低不就高，以免造成浪费。如痕量分析选用高纯试剂或一级品，以降低空白值和避免杂质干扰；做试剂检验选用一、二级品；一般生产车间控制分析选用二、三级品；某些制备实验、冷却浴或加热浴用的试剂可用工业品；化学分析实验通常使用分析纯试剂；仪器分析实验一般使用优级纯、分析纯或专用试剂。不要认为试剂越纯越好，超越具体实验条件去选用高纯试剂，造成浪费；也不要随意降低规格而影响分析结果的准确度。本书除指明的试剂外，一般用分析纯。

另外在分析工作中，选择试剂的纯度除了要与所用方法相当外，其他如实验用水、使用器皿也须与之相适应。如试剂选用 G. R. 级，就不宜使用普通的去离子水或普通蒸馏水，而应使用多重蒸馏水。对所用器皿的质地也有较高的要求，在使用过程中不应有物质溶解到溶液中，以免影响测定的准确度。

3. 取用试剂时的注意事项

取用试剂时应注意保持清洁。瓶塞不许任意放置，取用后应立即盖好瓶盖，以防试剂被其他物质沾污或变质。

所用盛装试剂的瓶上都应贴有标签，写明试剂的名称、规格及配制时间。一定时间后更换标签，以免时间长而造成字迹褪色，影响试剂的使用而造成浪费。

在分析工作中，试剂的浓度及用量应按实际情况正确使用，过浓或过多，不仅造成浪费，而且还可能产生副反应，甚至得不到准确的结果。

4. 部分剧毒、强腐蚀性药品的使用及注意事项

(1) 氰化物和氢氰酸　氰化物、丙烯腈等系烈性毒品，进入人体 50mg 即可致死，与皮肤接触经伤口进入人体，即可引起严重中毒。这些氰化物遇酸产生氢氰酸气体，易被吸入人体而中毒。使用氰化物时，严禁用手接触。大量使用这类药品时，应戴上口罩和橡皮手套。含有氰化物的废液，严禁倒入酸缸，应先加入硫酸亚铁使之转变为毒性较小的亚铁氰化物，然后倒入水槽，再用大量水冲洗贮放该氰化物的器皿和水槽。

(2) 汞和汞的化合物　汞的可溶性化合物如氯化汞、硝酸汞都是剧毒物品。因金属汞易蒸发，蒸气剧毒，又无气味，吸入人体具有积累性，容易引起慢性中毒，所以切不可麻痹大意。如不慎将汞洒在地上，应立即用滴管或毛笔尽可能将它拾起，然后用锌皮接触使之成为合金而消除。最后洒上硫黄粉，使汞与硫反应生成不易挥发的硫化汞。废汞切不可倒入水槽冲入下水管，因为汞会积聚在水管弯头处，长期蒸发毒化空气，误洒入水槽的汞也应及时处理。另外使用和贮存汞的房间必须经常通风，保持空气流通。

(3) 砷的化合物　砷和砷的化合物都有剧毒，经常使用的是三氧化二砷（砒霜）和亚砷酸钠，这类物质中毒通常是由于口服造成的。用盐酸和粗锌制备氢气时，也会产生一些剧毒的砷化氢气体，应加以注意。所以为避免上述现象发生，一般是将产生的氢气通过高锰酸钾溶液洗涤后再使用。砷的解毒剂是二巯基丙醇，肌肉注射即可解毒。

(4) 硫化氢　这是一种极毒的气体，有臭鸡蛋味，它能麻痹人的嗅觉，以致逐渐闻不出其臭，所以特别危险。使用硫化氢和用酸分解硫化物时，应该在通风橱中进行。

(5) 一氧化碳　煤气中含有一氧化碳，使用煤炉和煤气时一定要提高警惕，防止中毒。煤气中毒一般轻者头痛、眼花、恶心，重者昏迷。对中毒的人应立即移出中毒房间，呼吸新鲜空气，进行人工呼吸，并注意保暖，然后及时送医院治疗。

(6) 有机化合物　很多有机化合物的毒性也是很大的，它们常用作溶剂，不仅用量大，而且多数沸点低，蒸气较浓，所以容易引起中毒，特别是慢性中毒，使用时应特别注意和加强防护。常用的有毒有机化合物有苯、二硫化碳、硝基苯、苯胺、甲醇等。

(7) 溴　棕红色液体，易蒸发成红色蒸气，对眼睛有强烈的刺激催泪作用，能损伤眼睛、气管、肺部；触及皮肤，轻者剧烈灼痛，重者溃烂，久治不愈。使用时应戴橡皮手套。

(8) 氢氟酸　氢氟酸为剧毒物，具有强腐蚀性，如灼伤身体，轻者剧痛难忍，重者肌肉

糜烂，渗入组织，如不及时抢救，就会造成死亡，因此在使用氢氟酸时应特别注意，操作必须在通风橱中进行，并戴橡皮手套。

（9）其他剧毒、腐蚀性无机物　如磷、铍的化合物，可溶性钡盐、铅盐，浓硝酸，碘蒸气等，使用时都应注意。

5. 化学试剂的保管和存放

化学试剂的保管和存放也是相当重要的工作。如易挥发的试剂应低温存放，易燃、易爆试剂要贮存于避光、阴凉、通风的地方，氧化剂、还原剂必须密闭、避光保存。化学试剂应按下列分类进行存放：①易燃类；②剧毒类；③强腐蚀类；④燃爆类；⑤强氧化剂类；⑥放射性类；⑦低温存放类；⑧贵重类；⑨指示剂类；⑩一般试剂。

应尽量创造适宜试剂存放的条件，以免试剂过早变质甚至出现危险。化验室只宜存放少量近期内需用的药品，大量试剂应存放于仓库。对于变质的化学试剂应按相关规定进行处理，严禁按一般垃圾处理。

第三节　实验记录、数据处理和实验报告

一、实验数据的记录

分析实验中经常需要记录一些测量数据，如称量的基准物质的质量、滴定中消耗的标准溶液的体积等。实验数据的记录应保证完整性、客观性与真实性，是培养学生科学实验素养的环节之一，要求做到以下几个方面。

（1）学生在做实验时，数据记录应有专门标注好页码的记录本，记录中不得撕去任何一页。不能将实验数据记录在单页纸或小纸片上，更不能随意记在任意地方。

（2）实验过程中，要养成及时记录实验数据的习惯。所有的测量数据与结果，包括得到测量仪器的基本信息，都应准确、真实地记录下来。切不可凭主观臆断拼凑或伪造数据，或者强迫自己回忆已忘记的未及时记录的数据与结果。

（3）记录测量数据时，应注意有效数字的保留。万分之一的分析天平应记录至 0.0001g，滴定管与吸量管的读数、移液管与容量瓶的体积均应记录到 0.01mL。总之，记录的有效数字位数应能正确反映仪器测量的准确度。

（4）分析实验中的数据记录都应清楚、整洁、明了，一般采用表格形式。例如采用硼砂基准物质标定 HCl 溶液浓度的数据记录如下：

项　　目	1	2	3
$m_{硼砂}$＋称量瓶(倾出前)/g	15.3668		
$m_{硼砂}$＋称量瓶(倾出后)/g	14.9556		
$m_{硼砂}$/g	0.4112		
V_{HCl}(初读数)/mL	0.06		
V_{HCl}(终读数)/mL	22.52		
V_{HCl}/mL	22.46		

（5）记录实验数据时必须实事求是，完全准确地反映实验真实情况，不得随意涂改实验数据。实验过程中，若发现数据记录错误，或者计算错误，应将其用横线画去，在旁边重新写上正确的数字，不得涂黑或擦去。

（6）实验过程中的每一个数据都应记录下来，即使在重复测量时，出现完全相同的数据也应完整地记录下来。

二、实验数据的处理

定性分析实验中的实验数据一般较少，处理比较简单。而定量分析实验中的实验数据较多，这是因为定量分析一般平行测量 3～5 次，通常是 3 次，需要用平均值（或置信区间）来表示测量结果，用相对平均偏差（或标准偏差）来衡量分析结果的精密度。为了做到简单、清晰、正确地处理实验数据，通常采用表格的形式进行处理。例如，采用邻苯二甲酸氢钾（KHP）基准物质标定 NaOH 溶液浓度的数据处理如下：

项　　目	1	2	3
m_{KHP}＋称量瓶（倾出前）/g			
m_{KHP}＋称量瓶（倾出后）/g			
m_{KHP}/g			
V_{NaOH}（初读数）/mL			
V_{NaOH}（终读数）/mL			
V_{NaOH}/mL			
c_{NaOH}/mol·L^{-1}			
$\bar{c}_{NaOH}$/mol·L^{-1}			
$|d_i|$			
$\bar{d}_r$/%			

$$浓度：c_{NaOH}=\frac{m_{KHP}\times 1000}{M_{KHP}V_{NaOH}}\ (mol·L^{-1}) \qquad 平均浓度：\bar{c}=\frac{c_1+c_2+c_3}{3}$$

$$偏差：d_i=c_i-\bar{c} \qquad 平均偏差：\bar{d}=\frac{|c_1-\bar{c}|+|c_2-\bar{c}|+|c_3-\bar{c}|}{3}$$

$$相对平均偏差：d_r=\frac{\bar{d}}{\bar{c}}\times 100\%$$

三、实验报告

实验报告是培养学生归纳总结与分析问题能力的有效途径，是高质量实验的升华。实验完毕，学生应根据实验记录进行整理，及时认真地写出实验报告，在离开实验室前或在指定的时间交给实验指导教师。实验报告一般包括以下内容：

（1）实验名称。

（2）实验时间、地点、室温、指导教师等基本信息。

（3）实验原理。实验原理一般简单地用文字或化学反应方程式说明。

（4）实验的主要仪器与试剂。普通仪器应写出规格，大型仪器应标明型号与生产厂家。试剂应注明浓度。

（5）实验步骤。实验步骤的书写应简单明了，一般采用流程图的形式，也可分步列出。

（6）实验数据的记录与处理。定量分析实验数据的记录与处理通常采用表格形式，表格外应有处理数据时的计算公式。

（7）讨论与分析。

（8）其他需要说明的问题。

第二章　分析化学实验操作基本技能

第一节　纯水的制备和检验

　　分析化学实验室用于溶解、稀释和配制溶液的水，都必须先经过净化。分析要求不同，对水质纯度的要求也不同。故应根据不同的要求，采用不同的净化方法制得纯水。分析化学实验室用的纯水一般有蒸馏水、二次蒸馏水、去离子水、无二氧化碳蒸馏水、无氨蒸馏水等。一般的化学实验用一次蒸馏水或去离子水；超纯分析或精密物理化学实验中，需要水质更高的二次蒸馏水、三次蒸馏水或根据实验要求用无二氧化碳蒸馏水等。

　　一、分析化学实验室用水的规格

　　根据中华人民共和国国家标准 GB/T 6682—2008《分析实验室用水规格和试验方法》的规定，分析化学实验室用水分为三个级别：一级水、二级水和三级水。

　　一级水用于有严格要求的分析实验，包括对颗粒有要求的实验，如高效液相色谱用水。一级水可用二级水经石英设备蒸馏或离子交换处理后，再用 0.2nm 微孔滤膜过滤来制取。

　　二级水用于无机痕量分析等实验，如原子吸收光谱用水。二级水可用多次蒸馏或离子交换等制得。

　　三级水用于一般的化学分析实验。三级水可用蒸馏或离子交换的方法制得。

　　实验室使用的蒸馏水，为保持纯净，蒸馏水瓶要随时加塞，专用虹吸管内外应保持干净。蒸馏水附近不要放浓 HCl 等易挥发的试剂，以防污染。通常用洗瓶取蒸馏水。用洗瓶取水时，不要取出其塞子和玻璃管，也不要把蒸馏水瓶上的虹吸管插入洗瓶内。

　　通常，普通蒸馏水保存在玻璃容器中，去离子水保存在聚乙烯塑料容器内，用于痕量分析的高纯水，如二次亚沸石英蒸馏水，则需要保存在石英或聚乙烯塑料容器中。

　　二、各种纯度水的制备

　　实验室制备纯水一般可用蒸馏法、离子交换法和电渗析法。

　　1. 蒸馏法

　　（1）蒸馏水　将自来水在蒸发装置上加热汽化，然后将蒸汽冷凝即得到蒸馏水。由于杂质离子一般不挥发，所以蒸馏水中所含杂质比自来水少得多，比较纯净，可达到三级水的标准，但还是有少量的金属离子、二氧化碳等杂质。目前使用的蒸馏水器，小型的多用玻璃制造，较大型的用铜制成。由于蒸馏器的材质不同，带入蒸馏水中的杂质也不同。用玻璃蒸馏器制得的蒸馏水含有较多的 Na^+、SiO_3^{2-} 等离子，用铜蒸馏器制得的蒸馏水通常含有较多的 Cu^{2+} 等。蒸馏水中通常还含有一些其他杂质，如：二氧化碳及某些低沸点易挥发物，随着水蒸气进入蒸馏水中；少量液态水呈雾状飞出，直接进入蒸馏水中；微量的冷凝器材料成分也能带入蒸馏水中。因此，一次蒸馏水只能作为一般分析用。

　　制取蒸馏水的蒸馏速度不可太快，采用不沸腾蒸发、增加蒸馏次数、弃去头尾等方法，都可提高蒸馏水的纯度。同时蒸馏水的贮存也很重要，要贮存在不受离子污染的容器中，如有机玻璃、聚乙烯或石英等容器中。

在实验室制取二次蒸馏水，可用硬质玻璃或石英蒸馏器，先加入少量的高锰酸钾碱性溶液，目的是破坏水中的有机物。蒸馏时弃去最初的1/4，收集中段馏出液。接受器上口要安装碱石棉管，防止二氧化碳进入影响蒸馏水的电导率。某些特殊用途的水要用银、铂、聚四氟乙烯等特殊材料的蒸馏器制取。

蒸馏法的优点是设备成本低、操作简单，缺点是只能除掉水中非挥发性杂质，且能耗高。

（2）二次亚沸石英蒸馏水　为了获得比较纯净的蒸馏水，可以进行重蒸馏，并在准备重蒸馏的蒸馏水中加入适当的试剂以抑制某些杂质的挥发。加入甘露醇能抑制硼的挥发，加入碱性高锰酸钾可破坏有机物并防止二氧化碳蒸出。二次蒸馏水一般可达到二级标准。第二次蒸馏通常采用石英亚沸蒸馏器，其特点是在液面上方加热，使液面始终处于亚沸状态，可使水蒸气带出的杂质减至最低。

2. 离子交换法

去离子水是使自来水或普通蒸馏水通过离子交换树脂柱后所得的水。一种是强酸性阳离子交换树脂，另一种是强碱性阴离子交换树脂。当水流过两种离子交换树脂时，阳离子和阴离子交换树脂分别将水中的杂质阳离子和阴离子交换为 H^+ 和 OH^-，从而达到净化水的目的。使用一段时间后，离子交换树脂的交换能力下降，可以分别用 5% ～ 10% 的 HCl 和 NaOH 溶液处理阳离子和阴离子交换树脂，使其恢复离子交换能力，这叫做离子交换树脂的再生。再生后的离子交换树脂可以重复使用。

阳离子交换树脂与水中的杂质阳离子发生交换：

$$RSO_3H + \underset{Pb^{2+}}{Ca^{2+}} \underset{\text{再生}}{\overset{\text{交换}}{\rightleftharpoons}} (RSO_3)_2 \underset{Pb}{Ca} + 2H^+$$

$$\downarrow 5\% \sim 10\% \text{ HCl}$$

阴离子交换树脂与水中的杂质阴离子发生交换：

$$R{-}\overset{+}{N}R_3OH + NaCl \underset{\text{再生}}{\overset{\text{交换}}{\rightleftharpoons}} R{-}NR_3Cl + NaOH$$

$$\downarrow 50\% \sim 10\% \text{ NaOH}$$

处理水时，先让水流过阳离子交换柱和阴离子交换柱，然后再流过阴阳离子混合交换柱，以使水进一步纯化。净化水的质量与交换柱中树脂的质量、柱高、柱直径以及水流量等因素都有关系。一般树脂量多、柱高和直径比适当、流速慢，交换效果好。优点：除去各类离子效果好，但不能除掉水中非离子型杂质，常含有微量的有机物。

3. 电渗析法

由于其能耗低，常作为离子交换法的前处理步骤。它在外加直流电场作用下，利用阴阳离子交换膜分别选择性地允许阴、阳离子透过，使一部分离子透过离子交换膜迁移到另一部分水中去，从而使一部分水纯化，另一部分水浓缩。这就是电渗析的原理。电渗析是常用的脱盐技术之一。产出水的纯度能满足一些工业用水的需要。例如用电阻率为 1.6MΩ·cm（25℃）的原水可以获得 1.03MΩ·cm（25℃）的产出水。换言之，原水的总硬度为77mg/L，产出水的总硬度则为约 10mg·L^{-1}。

三、水的检验

1. 物理法检验

利用电导仪或兆欧表测定水的电阻率是简便而实用的方法。水的电阻率越高，表示其中的离子越少，水的纯度越高。一般离子交换水的电阻率在 $0.5M\Omega\cdot cm$ 以上时即可满足日常化学分析的要求；一次蒸馏水（玻璃）电阻率在 $0.35M\Omega\cdot cm$ 左右即可使用。

在生产和科学实验中，用作表示水的纯度的主要指标是水中的含盐量（即水中各种盐类的阳、阴离子的数量）的大小，而水中含盐量的测定较为复杂，所以通常用水的电阻率或电导率来间接表示。一般将 $1cm^3$ 水的电阻值称为水的电导率（又称比电阻），电阻率的倒数称为电导率（又称比电导）。电阻率与电导率的关系为

$$\rho = \frac{1}{\kappa}$$

式中　ρ——电阻率，$\Omega\cdot cm$；

　　　κ——电导率，$\Omega^{-1}\cdot cm^{-1}$，即 $S\cdot cm^{-1}$。

25℃时，水的电阻率应为 $(0.1\sim1.0)\times10^6\Omega\cdot cm$[电导率 $(1.0\sim10)\times10^{-6}\Omega^{-1}\cdot cm^{-1}$]。

2. 化学法检验

(1) pH 值　取水样 10mL 两份，一份加甲基红指示剂（$1g\cdot L^{-1}$ 乙醇溶液）两滴，不得显红色；另一份加溴百里酚蓝 [$1g\cdot L^{-1}$ 乙醇水溶液（1+4）]，不显蓝色即为合格。如前者出现红色或后者出现蓝色，说明水样不合格。也可用精密 pH 试纸或用各种类型酸度计测定。

(2) 硝酸银试剂检验法　取水样 30mL，滴加硝酸银溶液（$17g\cdot L^{-1}$）2 滴，摇匀，澄清无白色或其他浑浊即为合格。该项试验在很多资料中都用氯离子检验代之，即将水样用硝酸酸化后，滴加硝酸银溶液，观察是否有白色浑浊，据此判断是否有超标氯离子存在。

(3) 水中所含主要阳、阴离子的定性鉴定　常用下列方法。

用镁试剂检验 Mg^{2+}：镁试剂（对硝基苯偶氮间苯二酚）是一种有机染料，在酸性溶液中呈黄色，在碱性溶液中呈紫色，当它被 $Mg(OH)_2$ 沉淀吸附后呈天蓝色，反应必须在碱性溶液中进行。

用钙指示剂检验 Ca^{2+}：游离的钙指示剂呈蓝色，在 pH>12 的碱性溶液中，它能与 Ca^{2+} 结合显红色。在此 pH 值时，Mg^{2+} 不干涉 Ca^{2+} 的检验，因为 pH>12 时，Mg^{2+} 已生成 $Mg(OH)_2$ 沉淀。

用 $BaCl_2$ 溶液检验 SO_4^{2-}。

实验操作：将处理好的阳离子和阴离子交换树脂装柱，往柱中加水，控制流速 1 滴/2s，分别用试管取自来水、阳离子交换柱出水、阴离子交换柱出水和混合离子交换柱出水进行下列离子检验，用烧杯取水样检测其电导率。

① 用镁试剂检验 Mg^{2+}　在 3mL 水样中，加入 2 滴 $6mol\cdot L^{-1}$ NaOH，再加镁试剂 2 滴，观察现象，判断有无 Mg^{2+}。

② 用钙指示剂检验 Ca^{2+}　在 1mL 水样中，加入 2 滴 $2mol\cdot L^{-1}$ NaOH，再加入少许钙指示剂，观察现象，判断有无 Ca^{2+}。

③ 用 $AgNO_3$ 溶液检验 Cl^-　在 1mL 水样中，加入 2 滴 $2mol\cdot L^{-1}$ HNO_3 酸化，再加入 2 滴 $0.1mol\cdot L^{-1}AgNO_3$ 溶液，观察现象，判断有无 Ag^+。

④ 用 $BaCl_2$ 溶液检验 SO_4^{2-}　在 1mL 水样中，加入 2 滴 $2mol\cdot L^{-1}$ HCl，再加入 2 滴 $1mol\cdot L^{-1}BaCl_2$ 溶液，观察现象，判断有无 SO_4^{2-}。

实验数据记录于表 2-1。

表 2-1　去离子水检测项目

样品名称	检 测 项 目					
	电导率/$\mu S \cdot cm^{-1}$	pH	Mg^{2+}	Ca^{2+}	Cl^-	SO_4^{2-}
自来水						
阳离子交换柱出水						
阴离子交换柱出水						
混合离子交换柱出水						

第二节　玻璃仪器的洗涤与干燥

一、玻璃仪器的洗涤

实验中所用玻璃仪器的洁净与否直接影响到实验的成败，因此有效的洗涤是至关重要的。仪器的一般洗涤程序是：

① 用水刷洗，可以洗去可溶性物质，又可使附着在仪器上的尘土等洗脱下来；

② 用毛刷蘸少量合成洗涤粉或去污粉刷洗，除垢后用自来水冲洗；

③ 用少量纯水清洗 3 次。用以上方法洗涤后的仪器，经自来水冲洗后，还残留有 Ca^{2+}、Mg^{2+} 等离子，如需除掉这些离子，还应用去离子水洗 2～3 次，每次用水量一般为所洗涤仪器体积的 1/4～1/3。

操作方法：

① 刷子的选择，大小合适，顶端毛完整；

② 洗试管，底部用毛刷转动刷洗，管部可上下来回刷洗；

③ 洗烧杯，刷子紧贴杯壁转动刷洗。

除常规洗涤法外，尚有一些特殊的清洗方法：如超声波用于复杂仪器的洗涤；过热水蒸气用于器皿表面吸附气体分子的清除；高温灭菌或灼烧可除去器皿表面污染物等。

实验室常用化学洗涤液的配制与使用方法如下。

（1）铬酸洗液　强氧化性、强腐蚀性、有毒洗液，有效：暗红色；失效：绿色。配制时取 20g 重铬酸钾研细，溶于 40mL 水中，搅拌下缓慢加入 360mL 浓硫酸即成。用于除油垢或还原性污物，小心地倒少量铬酸洗液于容器中，转动容器使整个器壁沾满洗液，放置数分钟后，将洗液倒回原瓶，再用自来水洗净。特殊情况可采用冷或热液浸泡（下述各洗液使用方法同此）。

（2）酸洗液　常用纯酸或混酸。如工业盐酸（浓盐酸和水各半）可除碱性物质及大多数无机物残污；硝酸（50%）可除器皿表面吸附重金属离子；也可采用混酸，如 1：1 或 1：2 的盐酸与硝酸混合酸，除去微量的离子。

（3）草酸洗液　取 8g 草酸溶于 100mL 水中，加少量浓盐酸配制。用于除二氧化锰、氧化铁残污。

（4）碱性高锰酸钾洗液　取 4g 高锰酸钾溶于水中，加 10g 氢氧化钠，水稀释至 100mL 即成。主要用于清洗油污及其他有机物，浸泡后有二氧化锰析出，可用草酸洗液再洗。

（5）氢氧化钠（10%）洗液　用于煮沸除油污。

（6）氢氧化钠-乙醇洗液　取 120g 烧碱溶于 150mL 水中，加入 95% 乙醇至 1L 即可。

用于除油污和某些有机物，效果甚佳。

（7）有机溶剂　采用汽油、丙酮、乙醇、二甲苯、乙醚等有机溶剂溶解有机残污，达清洗目的。

（8）乙醇-浓硝酸洗液　此法用于特难洗净的有机残污的清除。该洗液只能现配现用，且具危险性，一般在通风橱中进行。操作方法是取 2mL 乙醇于污染器皿中，加入 4mL 浓硝酸，静置片刻即剧烈反应，放出大量热且生成二氧化氮，反应终止后水洗器皿即可。

二、玻璃仪器洗净的标准

清洗洁净的玻璃仪器应能被水均匀润浸而无水流条纹或不挂水珠。

三、玻璃仪器的干燥

实验用玻璃仪器洗净后，是否需要干燥视实验要求而定。一般玻璃量器无需专门干燥，更不能加热干燥，用时仅需用同试液或同溶剂润洗 3 遍即可。但若实验要求在无水条件下进行，则所有玻璃仪器必须选用适当方法进行干燥。玻璃仪器干燥的方法有以下几种。

（1）晾干　把洗净的仪器在无尘处倒置沥去水分，自然风干。一般可置器皿于干燥台架上，在通气玻璃柜橱中进行干燥。

（2）烘干　把洗净沥去水分的仪器口朝上置于烘箱中，慢慢加热至 105～120℃，烘半小时左右，待冷却后，小心取出使用。对一些小件玻璃仪器，可在红外灯干燥箱中烘干。

（3）吹干　对于急需干燥使用的仪器，清洗沥水后，加入少量与水相溶的乙醇、丙酮润洗除水，倾倒溶液后，再用电吹风，先冷风后热风吹至干燥为止，最后吹入冷风吹尽仪器内蒸气并冷却仪器。

（4）有机溶剂法　先用少量丙酮或无水乙醇使内壁均匀润湿后倒出，再用乙醚使内壁均匀润湿后倒出，再依次用电吹风冷风和热风吹干，此种方法又称为快干法。

第三节　试剂的取用

一、化学试剂的规格

我国化学试剂等级与规格见表1-2。此外，还有一些特殊用途的所谓"高纯"试剂。例如，"光谱纯"试剂，它是以光谱分析时出现的干扰谱线强度大小来衡量的；"色谱纯"试剂，是在最高灵敏度下以 10^{-10} g 下无杂质峰来表示的；"放射化学纯"试剂，是以放射性测定时出现干扰的核辐射强度来衡量的；"MOS"试剂，是"金属-氧化物-硅"或"金属-氧化物-半导体"试剂的简称，是电子工业专用的化学试剂；等等。

在一般分析工作中，通常要求使用 A. R. 级（分析纯）试剂。后面的具体分析实验中使用的试剂一般均为分析纯试剂，以后不再另行说明。

化学试剂的检验，除经典的化学方法之外，已愈来愈多地使用物理化学方法和物理方法，如原子吸收光度法、发射光谱法、电化学方法、紫外分析法、红外分析法和核磁共振分析法以及色谱法等。高纯试剂的检验，无疑只能选用比较灵敏的痕量分析方法。

化学工作者必须对化学试剂标准有明确的认识，做到合理使用化学试剂，既不超规格引起浪费，又不随意降低规格影响分析结果的准确度。

二、固体试剂的取用

固体试剂装在广口瓶内。见光易分解的试剂，如 $AgNO_3$、$KMnO_4$ 等要装在棕色瓶中。试剂取用原则是既要质量准确又必须保证试剂的纯度（不受污染）。

取固体试剂要使用干净的药品匙，药品匙不能混用，药匙的两端为大小两个匙，分别取用大量固体和少量固体。实验后洗净、晾干，下次再用，避免沾污药品。要严格按量取用药品。"少量"固体试剂对一般常量实验指半个黄豆粒大小的体积，对微型实验约为常量的1/5～1/10。多取试剂不仅浪费，往往还影响实验效果。如果一旦取多可放在指定容器内或给他人使用，一般不许倒回原试剂瓶中。

需要称量的固体试剂，可放在称量纸上称量；对于具有腐蚀性、强氧化性、易潮解的固体试剂，要用小烧杯、称量瓶、表面皿等装载后进行称量；固体颗粒较大时，可在清洁干燥的研钵中研碎。根据称量精确度的要求，可分别选择台秤和天平称量固体试剂。用称量瓶称量时，可用减量法操作。有毒药品要在教师指导下取用；往试管中加入固体试剂时，应用药勺或干净的对折纸片装上后伸进试管约2/3处；加入块状固体时，应将试管倾斜，使其沿管壁慢慢滑下，以免碰破管底。

三、液体试剂的取用

液体试剂装在细口瓶或滴瓶内，试剂瓶上的标签要写清名称、浓度。

1. 从滴瓶中取用试剂

从滴瓶中取试剂时，应先提起滴管离开液面，捏瘪胶帽后赶出空气，再插入溶液中吸取试剂。滴加溶液时滴管要垂直，这样滴入液滴的体积才能准确；滴管口应距接收容器口（如试管口）0.5cm左右，以免与器壁接触沾染其他试剂，使滴瓶内试剂受到污染。如要从滴瓶取出较多溶液时，可直接倾倒。先排除滴管内的液体，然后把滴管夹在食指和中指间倒出所需量的试剂。滴管不能倒持，以防试剂腐蚀胶帽使试剂变质。不能用自己的滴管取公用试剂，如试剂瓶不带滴管又需取少量试剂，则可把试剂按需要量倒入小试管中，再用自己的滴管取用。

2. 从细口瓶中取用试剂

从细口瓶中取用试剂时，要用倾注法取用。先将瓶塞反放在桌面上，倾倒时瓶上的标签要朝向手心，以免瓶口残留的少量液体顺瓶壁流下而腐蚀标签。瓶口靠紧容器，使倒出的试剂沿玻璃棒或器壁流下。倒出需要量后，慢慢竖起试剂瓶，使流出的试剂都流入容器中，一旦有试剂流到瓶外，要立即擦净。切记不允许试剂沾染标签。然后将试剂瓶边缘在容器壁上靠一下，再加盖放回原处。

3. 取试剂的量

在试管实验中经常要取"少量"溶液，这是一种估计体积，对常量实验是指0.5～1.0mL，对微型实验一般指3～5滴，根据实验的要求灵活掌握。要会估计1mL溶液在试管中占的体积和由滴管加的滴数相当的体积。

要准确量取溶液，则根据准确度和量的要求，可选用量筒、移液管或滴定管。

四、特殊化学试剂的存放

（1）汞　汞易挥发，在人体内会积累起来，引起慢性中毒。因此，不要让汞直接暴露在空气中，汞要存放在厚壁器皿中，保存汞的容器内必须加水将汞覆盖，使其不能挥发。玻璃瓶装汞只能至半满。

（2）金属钠、钾　通常应保存在煤油中，放在阴凉处，使用时先在煤油中切割成小块，再用镊子夹取，并用滤纸把煤油吸干，切勿与皮肤接触，以免烧伤，未用完的金属碎屑不能乱丢，可加少量酒精，令其缓慢反应掉。

五、注意事项

（1）因为化学试剂大多有毒，而有毒物质能以蒸气或微粒状态从呼吸道被吸入，或以水溶液状态从消化道进入人体，并且，当直接接触时，还可从皮肤或黏膜等部位被吸收。因此，使用有毒物质时，必须采取相应的预防措施。

（2）毒物、剧毒物要装入密封容器，贴好标签，放在专用的药品架上保管，并做好出纳登记。万一发现被盗窃，必须立刻报告。

（3）在一般毒性物质中，也有毒性大的物质，要加以注意。

（4）使用腐蚀性物质后，要严格实行漱口、洗脸等措施。

（5）特别有害物质，通常多为积累毒性的物质，连续长时间使用时，必须十分注意。

六、防护方法

一般化学试剂在使用后洗净手和脸或有皮肤接触的地方即可。使用有剧毒物质时，要准备好橡皮手套，有必要时要穿防毒衣或戴上防毒面具。

第四节　常用度量仪器的校正

【实验目的】

1. 了解常用度量仪器校准的意义，学习常用度量仪器的校准方法。

2. 初步掌握移液管的校准和容量瓶与移液管间相对校准的操作。

【实验原理】

滴定分析常用的玻璃量器有三种：滴定管、移液管和容量瓶。这三种玻璃量器都具有刻度和标准容量。国家相关标准（JJG 196—2006）（表2-2～表2-4）规定了其容量允差。合格产品符合国家标准，但不合格产品的容积与表示体积并非完全一致，会给实验结果带来系统误差。因此，在进行分析化学实验之前，应对所用玻璃仪器进行校准。

表2-2　滴定管的允许偏差（JJG 196—2006）

标称容量/mL	容量允差/mL	
	A	B
1	±0.010	±0.020
2	±0.010	±0.020
5	±0.010	±0.020
10	±0.025	±0.050
25	±0.04	±0.08
50	±0.05	±0.10
100	±0.10	±0.20

表2-3　移液管的允许偏差（JJG 196—2006）

标称容量/mL	容量允差/mL	
	A	B
1	±0.007	±0.015
2	±0.010	±0.020
5	±0.015	±0.030
10	±0.020	±0.040
25	±0.030	±0.060
50	±0.05	±0.10
100	±0.08	±0.16

表2-4　容量瓶的允许偏差（JJG 196—2006）

标称容量/mL	25	50	100	250	500	1000	2000
A	±0.03	±0.05	±0.10	±0.15	±0.25	±0.40	±0.60
B	±0.06	±0.10	±0.20	±0.30	±0.50	±0.80	±1.20

校准仪器常用称量法，即称量被校准仪器中量入或量出的纯水的质量，再根据当时水温下的密度计算出该量器在20℃时的实际容量。

量器的容积和水的体积都与温度有关，称量时也受空气浮力的影响。一般用实验工作的平均温度 20℃作为标准温度。我国生产的量器，其容积都是以 20℃为标准温度标定的。例如一个标有 20℃ 1L 的容量瓶，表示在 20℃时，它的容积是 1L（即真空中质量为 1kg 的纯水在 3.98℃时所占的体积）。量器校正的体积单位是 L，即在真空中质量为 1kg 的纯水，在 3.98℃时和标准大气压下所占的体积。

校正时应考虑下列三个因素。

（1）水的密度受温度影响　水在真空中，3.98℃时密度为 $1g \cdot mL^{-1}$，高于或低于此温度时，其密度均小于 $1g \cdot mL^{-1}$。

（2）玻璃的体积膨胀系数随温度变化的影响　温度改变时，因玻璃的膨胀和收缩，量器的容积也随之改变。因此，在其他温度校准时，必须以标准温度（20℃）为基础加以校正。但由于玻璃膨胀系数较小（如 1000mL 的钠玻璃容器，每改变 1℃，容积变化 0.026mL，体积膨胀系数为 0.000026），对于常量分析工作可以忽略。

（3）在空气中称量受空气浮力的影响　校准时，由于空气浮力，水在空气中称得的质量小于在真空中的质量，应加以校正。

【仪器和试剂】

50mL 酸式滴定管，25mL 移液管，100mL 容量瓶，150mL 锥形瓶，具塞 50mL 小锥形瓶，100mL 烧杯，电子天平，蒸馏水。

【实验步骤】

1. 滴定管的校正

取一个洗净晾干的具塞 50mL 小锥形瓶，称量其质量，准确至 0.001g。将蒸馏水装入已洗净晾干的滴定管中，调整液面至 0.00mL，按照每分钟约 10mL 的流速准确放出 5.00mL 的水至小锥形瓶中，称量，两次质量之差即为水的质量。查表并计算出滴定管该段体积的真实容积。按照上述方法，每次以 5.00mL 间隔为一段进行校正。

2. 容量瓶的校正

将 100mL 待校正的清洁、干燥的容量瓶称量至 0.01g，将与室温平衡的蒸馏水注入容量瓶至刻度（水面弯月面下缘恰与标线的上边缘水平相切），用滤纸片吸干瓶颈内壁的水，再称量。两次质量之差即为该容量瓶所容纳的水的质量。根据水温，查表并计算出该容量瓶的容积。可用钻石笔将校正的容积刻在瓶壁上，供以后使用。

3. 移液管的校正

取一个洗净晾干的具塞 50mL 小锥形瓶，称量其质量，准确至 0.001g。用洗净晾干的 25mL 移液管准确移取与标线等体积的水，放入小锥形瓶中，再称量。两次质量之差即为放出的水的质量。查表并计算出该移液管的容积。

4. 容量瓶和移液管的相互校正

在实际分析工作中，容量瓶常和移液管配合使用。在容量瓶中配制溶液后，用移液管移取一部分进行测定。此时，容量瓶及移液管的准确容积并不重要，重要的是两者的容量是否为准确的整数倍关系。例如，用 25mL 移液管从 100mL 容量瓶中吸取的溶液是否准确地为总量的 1/4？此时，需要进行容量瓶和移液管的相互校正。方法如下。

取洗净晾干的 25mL 移液管准确移取纯水四次至洗净晾干的 100mL 容量瓶中，观察水面弯月面下缘是否恰与标线的上边缘水平相切，如果不符合，可另做一标记，使用时即以此标记为刻度。

【数据处理】

1. 滴定管的校正

水温_____℃；水密度_____

校正分段 ＼ 质量	瓶/g	（瓶＋水）/g	水/g	瓶/g	（瓶＋水）/g	水/g	水（平均）/g	实际体积/mL	校正值/mL
0.00～5.00									
5.00～10.00									
10.00～15.00									
15.00～20.00									
20.00～25.00									
25.00～30.00									
30.00～35.00									
35.00～40.00									
40.00～45.00									
45.00～50.00									

2. 容量瓶的校正

水温_____℃；水密度_____

容量瓶读数体积/mL	瓶/g	（瓶＋水）/g	水/g	实际体积/mL	校正值/mL

3. 移液管的校正

水温_____℃；水密度_____

移液管读数体积/mL	瓶/g	（瓶＋水）/g	水/g	实际体积/mL	校正值/mL

【思考题】

1. 容量仪器校正时的影响因素主要有哪些？

2. 本实验称量纯水时为什么只要求准确到 0.01g 或 0.001g，而不是通常要求的 0.0001g？

3. 校正滴定管时，为什么每次放出的水都要从 0.00 刻度线开始？

第五节　滴定分析基本操作技术

容量瓶、移液管、吸量管和滴定管是分析化学中测量溶液体积常用的玻璃量器。它们的正确使用是分析化学实验的基本操作技术之一。现将这些量器的规格、洗涤、使用方法介绍如下。

一、容量瓶

容量瓶是一种细颈梨形平底的量器 [图 2-1(a)]，由无色或棕色玻璃制成，带有磨口玻璃塞或塑料塞。容量瓶上标有：温度、容量等。颈上刻有一环形标，一般是"量入式"量器，表示在所指温度下（一般为 20℃）液体充满至弯月面与标线相切时的容积恰好与瓶上所注明的容积相等。容量瓶的用途是配制准确浓度的溶液或与移液管配合使用定量地稀释溶液。通常有 25mL、50mL、100mL、250mL、500mL、1000mL 等数种规格，实验中常用的是 100mL 和 250mL 的容量瓶。

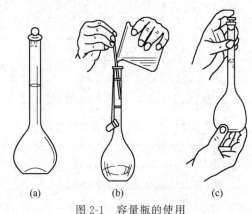

图 2-1　容量瓶的使用

(a) 容量瓶；(b) 转移溶液；(c) 定容混匀溶液

1. 容量瓶的检查

在使用容量瓶之前，要先进行以下两项检查：

(1) 容量瓶容积与所要求的是否一致。

(2) 检查瓶塞是否严密，不漏水。在容量瓶内加水至标线，塞紧瓶塞，用一手食指顶住瓶塞，另一只手五指托住容量瓶底，将其颠倒（瓶口朝下）10 次，每次颠倒过程中在倒置状态保持 10s，检查容量瓶是否漏水（可用滤纸片）。若不漏水，将瓶正立且将瓶塞旋转 180°后，再次检查是否漏水。若两次操作容量瓶瓶塞周围皆无水漏出，即表明容量瓶不漏水。经检查不漏水的容量瓶才能使用。检查合格的瓶塞用细绳或橡皮筋系在瓶颈上，以防跌碎或与其他容量瓶搞混。

2. 容量瓶的洗涤

容量瓶可用自来水冲洗至内壁不挂水珠，再用纯水淋洗三次备用，否则需要用铬酸洗液洗涤。先尽量倒去瓶中的水，再倒入适量洗液（250mL 容量瓶需 20～30mL 洗液），倾斜转动容量瓶使洗液布满内壁，浸泡 20min 左右将洗液倒回，用自来水冲洗容量瓶，用纯水淋洗三次。纯水每次用量约为容量瓶体积的 1/10～1/5。

3. 溶液的配制

(1) 溶解样品　将准确称量的固体试样放在 100～200mL 小烧杯中，加入少量溶剂，搅拌使其完全溶解（若难溶，可盖上表面皿，稍加热，但必须放冷后才能转移）。

(2) 溶液转移　定量转移溶液时，右手拿玻璃棒，将玻璃棒下端轻轻碰一下烧杯壁后悬空伸入容量瓶中，下端接触瓶颈内壁（不能接触瓶口）[图 2-1(b)]，左手拿烧杯，烧杯嘴应紧靠玻璃棒中下部，慢慢倾斜烧杯，使溶液沿玻璃棒流入容量瓶中，待溶液流尽后，将烧杯沿玻璃棒上提 1～2cm，同时烧杯慢慢直立离开玻璃棒，并将玻璃棒放入烧杯中（玻璃棒不能靠在烧杯嘴上）。然后用洗瓶吹洗玻璃棒和烧杯内壁三四次，按同样的方法定量地转移至容量瓶。加水至容量瓶体积约 2/3 处，用右手食指和中指夹住瓶塞的扁头将容量瓶水平方向摇转几周（勿倒转），使溶液初步混匀。继续加水至距标线 1cm 左右，等待 1～2min，使黏附在瓶颈内壁的溶液流下。

(3) 定容　用左手拇指和食指（亦可加上中指）拿起容量瓶，保持垂直，眼睛平视标线，用滴管伸入瓶颈接近液面处（勿接触液面），慢慢加水至弯月面下部与标线相切。

(4) 摇匀　立即盖好瓶塞，用左手的食指按住瓶塞，右手的手指托住瓶底 [图 2-1(c)]，注意不要用手掌握住瓶身，以免体温使液体膨胀，影响容积的准确（对于容积小于 10mL 的容量瓶，不必托住瓶底）。随后将容量瓶倒转，使气泡上升到顶，此时可将瓶水平摇动几周，如此重复操作 10 次左右，使溶液充分混合均匀。放正容量瓶，将瓶塞稍提起，重新盖好，再倒转 3～5 次混匀。

若用容量瓶稀释一定量、一定浓度的溶液时，用移液管移取一定体积的浓溶液于容量瓶中，加水至标线附近，按上述方法定容。

4. 注意事项

（1）不能在容量瓶里进行溶质的溶解，应将溶质在烧杯中溶解后转移到容量瓶里。

（2）用于洗涤烧杯的溶剂总量不能超过容量瓶的标线。

（3）容量瓶不能进行加热。如果溶质在溶解过程中放热，要待溶液冷却后再进行转移，因为温度升高瓶体将膨胀，所量体积就会不准确。

（4）容量瓶只能用于配制溶液，不能贮存溶液，因为溶液可能会对瓶体进行腐蚀，从而使容量瓶的精度受到影响。

（5）容量瓶使用前需用滤纸擦干瓶塞和磨口。用毕应及时洗涤干净，塞上瓶塞，并在塞子与瓶口之间夹一条纸条，防止瓶塞与瓶口粘连。

二、移液管和吸量管

移液管正规名称是"单标线吸量管"，是用于准确移取一定体积溶液的量出式玻璃量器。移液管是中间有膨大部分（称为球部）的玻璃量器，球的上部和下部均为较细窄的管颈，管颈上部刻有标线〔见图 2-2（a）〕。常用的移液管有 5mL、10mL、25mL 等规格，标明在管壁上。在标明的温度下，移取溶液的弯月面与标线相切，溶液按一定的方式自由流出，则流出体积与管上标明的体积相同。吸量管的全称是"分度吸量管"，是带有分度的量出式量器〔见图 2-2（a）〕，常用的吸量管有 1mL、2mL、5mL、10mL 等规格，用于移取非固定体积的溶液。使用吸量管时须注意，有的吸量管分刻度不是刻到管尖，而是刻到管尖上方 1～2cm 处。吸量管吸取溶液的准确度不如移液管。近些年来市场上不同类型的固定的或可调的定量取液器，其容积为 1～5mL、0.2～1mL、50～100μL、20～100μL、2～20μL 等，适于微量、半微量分析中使用，使用方便。

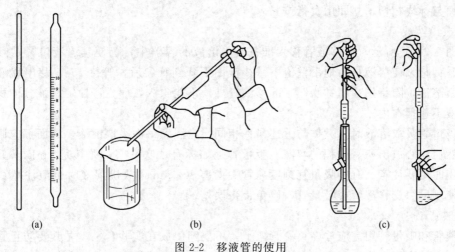

图 2-2　移液管的使用

（a）移液管和吸量管；（b）洗涤移液管；（c）移取溶液

1. 移液管和吸量管的检查

移液管使用之前应先检查管口和尖嘴有无破损，如有破损则不能使用。

2. 移液管和吸量管的洗涤

使用前，按照玻璃仪器洗涤的标准，移液管和吸量管都应该洗至整个内壁和其下部的外壁不挂水珠。洗涤过程为：先用自来水冲洗 1 次，如挂水珠，即需要使用铬酸洗液洗涤。洗涤时，右手拿移液管或吸量管标线以上的合适部分，食指靠近管上口，中指和无名指握住移液管，小指辅助拿住移液管。左手持洗耳球，持握拳式，将洗耳球握在掌中。将洗耳球对准移液管口，管尖紧贴在吸水纸上，用洗耳球尽量吹去管尖残留的水。排出洗耳球中的空气，将移液管尖插入洗液瓶中，将已排出空气的洗耳球尖头紧紧插入移液管上口，松开洗耳球吸取洗液至移液管球部或吸量管的 1/4 处，移开洗耳球的同时用右手的食指迅速堵住管口，横过移液管，左手扶住管的下端无洗液部分，松开右手食指，一边转动移液管，一边使管口降低，让洗液布满全管，从管下口将洗液放回原瓶〔如图 2-2(b) 所示〕。等数分钟后，用自来水充分冲洗。再用洗耳球如上操作吸取纯水将整个管的内壁淋洗 3 次，待用。

3. 溶液的吸取

移取溶液前，移液管和吸量管必须先用待测液润洗。方法是：先用吸水纸将管尖端内外壁残留的水吸净，再按前述洗涤操作，将待测液吸至球部或吸量管的 1/4 处（注意，勿使溶液回流，以免稀释），平置，使溶液布满全管内壁，当溶液流至距上口 2～3cm 时，将管直立，使溶液由尖嘴放出，弃去。反复洗 3 次。

如图 2-2(c) 所示，经淋洗后的移液管插入待吸液面下 1～2cm 深处（不要插入太浅，以免液面下降时吸空；也不要插入太深，以免管外壁粘带溶液过多；吸液时，应使管尖随液面的下降而下移），慢慢放松洗耳球，管中的液面徐徐上升，当液面升至标线以上时，迅速移去洗耳球，并同时用右手食指堵住管口，将移液管上提，离开液面，用吸水纸擦去管外部沾带的溶液。

4. 调节液面

左手持盛待吸液的容器或一洁净的小烧杯，并倾斜 30°左右，将移液管的管尖出口紧贴其内壁，右手食指微微松动，用拇指及中指轻轻捻转管身，使液面缓缓下降，直到视线平视时弯月面与标线相切，立即用食指按紧。

5. 放出溶液

如图 2-2(c) 所示，将移液管移入准备接受溶液的容器中，仍使其流液口紧贴倾斜的器壁，松开食指，使溶液自由地沿壁流下。待液面下降到管尖后，等待 15s，移出移液管。管尖的存留溶液，除特别注明“吹”字的移液管外，不能吹入，因生产检定移液管体积时，这部分溶液不包括在内。

用吸量管吸取溶液时，大体与上述操作相同。应注意每次吸取溶液，液面都应调到最高刻线，然后小心放出所需体积的溶液。吸量管上如标有“吹”字，尤其是 1mL 以下的吸量管，使用时更要注意。有些吸量管刻度离管尖尚差 1～2cm，放出溶液时也应注意。实验过程中要使用同一支移液管或吸量管，以免带来误差。

6. 放置

移液管和吸量管用完应放在移液管架上，不要随便放在实验台上，尤其要防止管径下端被污染。实验完毕，应将它用自来水、纯水分别冲洗干净，保存。

7. 注意事项

(1) 移液管和吸量管不能在烘箱中烘干。

(2) 移液管和吸量管不能移取过热或过冷的溶液，要待溶液接近室温时再进行转移。

（3）移液管和容量瓶经常配合使用，因此要注意二者的体积相对校准。

（4）实验中尽量使用同一只移液管。

（5）在使用吸量管时，为了减小误差，每次都应该以最上面的刻度作为起点。

三、滴定管

滴定管是可以放出不固定体积液体的量出式玻璃仪器，主要用于滴定时准确测量滴定剂的体积。它的主要部分管身是由内径均匀并具有精确刻度的玻璃管制成的，下端连接一个尖嘴玻璃管，中间连接控制滴定速度的玻璃旋塞或含有玻璃珠的乳胶管。

1. 滴定管的选择

滴定管的容量精度分为 A 级和 B 级。

按规定，标准的滴定管应标明制造厂商、"Ex"（量出式）、温度、级别。应根据滴定中消耗滴定剂大概的体积及滴定剂的性质来选择滴定管。滴定管容积有 100mL、50mL、25mL、10mL、1mL 等多种，最小刻度为 0.1mL，读数时精确到 0.01mL。最常用的是常量分析使用的 50mL、25mL 标准的滴定管。根据盛放溶液的性质不同，滴定管可分为两种。一种是下端带有玻璃活塞的酸式滴定管，用于盛放酸性溶液、氧化性溶液和盐类稀溶液，不能盛放碱性溶液，因玻璃活塞会被碱性溶液腐蚀，见图 2-3（a）。另一种为碱式滴定管，管的下端连接一段乳胶管，乳胶管内放一粒玻璃珠来控制溶液滴定的速度，用于盛放碱性溶液，但不能盛放与乳胶管发生反应的氧化性溶液如 $KMnO_4$、I_2 等溶液，见图 2-3（b）。另外，利用聚四氟乙烯材料做成滴定管下端的活塞和活塞套，代替酸管的玻璃活塞或碱管的乳胶材料，这种滴定

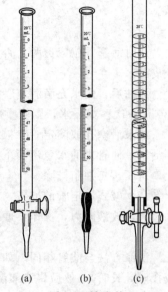

图 2-3　滴定管

（a）酸式滴定管；（b）碱式滴定管；

（c）具聚四氟乙烯活塞的滴定管

管不受溶液酸碱性的限制，可以盛放各种溶液，如酸、碱、氧化性溶液、还原性溶液等，见图 2-3（c）。

2. 滴定管的准备

（1）酸式滴定管的准备

① 外观和密合性的检查　在使用之前，应先检查外观和密合性。将旋塞呈关闭状态，管内充水至最高标线，垂直挂在滴定台上，20min 后漏水不应超过 1 个分度，可用吸水纸检查是否漏水。如密合性好，进行洗涤。

② 酸式滴定管的洗涤　根据滴定管受沾污的程度，可采用下列几种方法进行清洗。

a. 用自来水冲洗。外壁可以用洗衣粉或去污粉刷洗，管内不太脏的可以直接用自来水冲洗。洗净的滴定管，管内壁应呈均匀水膜，不挂水珠。如果没有达到洗净标准，则需用铬酸洗液清洗。

b. 铬酸洗液洗涤。洗涤时将滴定管内的水分尽量除去，关闭活塞。将铬酸洗液装入酸式滴定管近满，浸泡 10min 左右，打开活塞将洗液放回原瓶。或者装入 10～15mL 洗液于酸管中，用两手横持酸管，边转动边向管口倾斜，直到洗液布满全管内壁。在放平过程中，酸管上口对准洗液瓶口，防止洗液洒到外面。然后将洗液从出口放回原瓶，再用自来水清洗，最后用纯水淋洗三次，每次用纯水约 10mL。

③ 玻璃活塞涂油　如果滴定管活塞密合性不好或转动不灵活，则需将活塞涂凡士林（涂油）。

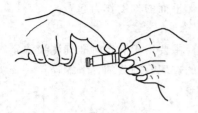

图 2-4　活塞涂油操作

将滴定管中的水倒净后，平放在实验台上，取下橡皮圈，取出活塞。用滤纸片将活塞和活塞套表面的水及油污擦干净。用食指蘸上油脂，均匀地在除活塞孔一圈外即在活塞两端涂上薄薄一层油脂（见图 2-4）。油脂要适量，油涂得太多，活塞孔会被堵住；涂得太少，达不到转动灵活和密合的目的。涂好油后将活塞直接插入仍平放的滴定管的活塞套中。插好后，沿同一方向旋转几次，此时活塞部位应透明，否则说明未擦干净或凡士林涂的不合适，应重新处理。最后套上橡皮圈。

涂油后，用水充满滴定管，放在滴定管架上直立静置 10min，如无漏水，再将活塞旋转 180°试一次。如漏水，则应重新处理。

如果活塞孔或滴定管尖被油脂堵塞，可以将管尖插入热水中温热片刻，使油脂熔化，打开活塞，使管内的水急流而下，冲掉软化油脂。或者将滴定管活塞打开，用洗耳球在滴定管上口挤压，将油脂排除。

（2）碱式滴定管的准备　使用前检查乳胶管是否老化变质、玻璃珠大小是否合适。玻璃珠过大，放液吃力，操作不便，过小则会漏液或溶液操作时上下滑动。如不合要求，应及时更换。

洗涤方法与酸管相同。如果需要铬酸洗液，将玻璃珠向上推至与管身下端相触（防止洗液接触乳胶管），然后将铬酸洗液装入滴定管近满，浸泡 10min 左右，将洗液倒回原瓶，再依次用自来水和纯水洗净。尖嘴部分如需用铬酸洗，可将其放入一个装有稀液的小烧杯中浸泡，再依次用自来水和纯水洗净。

3. 滴定剂的装入

溶液装入滴定管前将其摇匀，使凝结在瓶内壁上的水珠混入溶液。溶液应直接装入滴定管中，不得用其他容器（如漏斗、烧杯、滴管等）来转移。装入溶液时，左手持滴定管上部无刻度处，并稍微倾斜，右手拿住试剂瓶向滴定管倒入溶液。

（1）润洗　为避免装入后溶液被稀释，应先用标准溶液润洗滴定管内壁三次。每次约 10mL 溶液，两手持管，边转动边将管身放平，使溶液洗遍全部内壁，然后从管尖端放出溶液。润洗后，装入溶液至"0"刻度以上。

（2）排气泡　装好溶液的滴定管，应排除管下端的气泡。酸管有气泡时，右手拿管上部无刻度处，并将滴定管倾斜 30°，左手迅速旋转活塞，使溶液急速流出的同时将气泡赶出。对于碱式滴定管，右手拿住管身下端，将滴定管倾斜 60°，用左手食指和拇指握玻璃珠部位，胶管向上弯曲的同时捏挤胶管，使溶液急速流出的同时赶出气泡（图 2-5），观察玻璃珠以下的管中气泡是否排尽。

4. 读数

装入溶液至滴定管零线以上几毫米，等待 30s，即可调节初读数（或零点）。读数时需注意以下几点。

（1）滴定管要垂直。将滴定管从滴定管架上取下，用右手大拇指和食指轻轻捏住滴定管上端无溶液处，其他手指从旁边辅助，使滴定管保持自然竖直，然后再读数。如果滴定管在

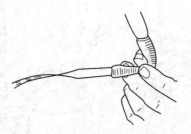

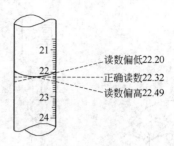

读数偏低22.20
正确读数22.32
读数偏高22.49

图 2-5 碱管排气泡   图 2-6 读数视线

滴定管架上很难保持竖直，一般不直接在滴定管架上读数。

（2）由于水对玻璃的浸润作用，滴定管内的液面呈弯月形。无色和浅色溶液的弯月面比较清晰，读数时，应读弯月面下缘实线的最低点，即视线与弯月面下缘的最低点在同一水平（图 2-6）。对于深色溶液，如 $KMnO_4$、I_2 溶液，其弯月面不够清晰，读数时，视线应与液面的上边缘在同一水平。

（3）在装入溶液或放出溶液后，必须等 1～2min，使附着在内壁的溶液流下后方可读数。如果放出溶液的速度很慢，只需等 0.5～1min 即可读数，每次读数时，应检查管口尖嘴处有无悬挂液滴，管尖部分有无气泡。

（4）每次读数都应准确到 0.01mL。

（5）对于乳白底蓝条线衬背的"蓝带"滴定管，滴定管中液面呈现三角交叉点，应读取交叉点与刻度相交之点的读数。

5. 滴定管的操作

使用滴定管时，应将滴定管垂直地夹在滴定管夹上。

（1）酸管的操作　使用酸管时，左手握滴定管活塞部分，无名指和小指向手心弯曲，位于管的左侧，轻轻贴着出口的尖端，用其他三指控制活塞的转动，如图 2-7 所示。左手手心内凹，不能接触活塞的小头处，且拇指、食指和中指应稍稍向手心方向用力，以防推出活塞而漏液。

（2）碱管的操作　使用碱管时，用左手大拇指和食指捏住玻璃珠右侧的乳胶管，向右边挤推，使溶液从玻璃珠旁边的空隙流出，如图 2-8。其他手指辅助夹住胶管下玻璃小管。注意：推乳胶管不是捏玻璃珠，不要使玻璃珠上下移动，也不能捏玻璃珠下的胶管，以免空气进入形成气泡，影响读数。

（3）滴定操作　滴定操作可在锥形瓶或烧杯内进行。用锥形瓶时，右手的拇指、食指和中指拿住瓶颈，其余两指辅助在下侧。当锥形瓶放在台上时，滴定管高度以其下端插入瓶内 1cm 为宜。左手握滴定管活塞部分，边滴加溶液，边用右手摇动锥形瓶，见图 2-9。

进行滴定操作时，应注意以下几点。

① 每次滴定时都从接近"0"的附近任意刻度开始，这样可以减少体积误差。

② 滴定时左手不要离开活塞，避免溶液自流。视线应观察液滴落点周围溶液颜色的变化。

③ 滴定速度的控制。开始时，滴定速度可稍快，呈"见滴成线"，约 $10mL \cdot min^{-1}$，接近终点时，应改为一滴一滴加入，即加一滴摇几下，再加再摇。最后每加半滴摇几下，直至溶液出现明显的颜色变化为止。每次滴定控制在 6～10min 完成。

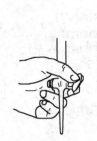   

图 2-7　酸管操作　　　图 2-8　碱管操作　　图 2-9　两手操作姿势　图 2-10　在烧杯中的滴定操作

④ 摇瓶时，应微动腕关节，使溶液向同一方向旋转，使溶液出现旋涡。不要往前后、上下、左右振动，以免溶液溅出。不要使瓶口碰在滴定管口上，以免损坏。

⑤ 掌握加入半滴的方法　用酸管时，可轻轻转动活塞，使溶液悬挂在出口管嘴形成半滴后，马上关闭滴定管。用锥形瓶内壁将其沾落，再用洗瓶以少量水吹洗锥形瓶内壁沾落溶液处。但是如果冲洗次数太多，用水量太大，使溶液过分稀释，可能导致终点时变色不敏锐，因此最好用涮壁法，即将锥形瓶倾斜，使半滴溶液尽量靠在锥形瓶较低处，然后用瓶中的溶液将附于壁上的半滴溶液涮入瓶中。用碱管时，用食指和拇指推挤出溶液悬挂在管尖后，松开手指，再将液滴沾落，否则易有气泡进入管尖。

在烧杯中滴定时，将烧杯放在滴定台上，调节滴定管使其下端深入烧杯内约1cm，且位于烧杯的左后方处。左手滴加溶液，右手持玻璃棒搅拌溶液，如图 2-10，搅拌时玻璃棒不要碰到烧杯壁和底部，整个滴定过程中，搅拌棒不能离开烧杯。

滴定通常在锥形瓶中进行，而溴酸钾法、碘量法等需要在碘量瓶中进行反应和滴定。碘量瓶是带有磨口玻璃塞和水槽的锥形瓶，喇叭形瓶口与瓶塞柄之间形成一圈水槽，槽中加纯净水可以形成水封，防止瓶中溶液反应生成的 Br_2、I_2 等逸失。反应一定时间后，打开瓶塞，水即流下并可冲洗瓶塞和瓶壁，接着进行滴定。

6. 滴定结束后滴定管的处理

滴定剂不应长时间放在滴定管中，滴定结束，滴定管内的溶液应弃去，不要倒回原瓶，以免沾污标准溶液。用水洗净滴定管，用纯水充满全管，挂在滴定台上。

酸式滴定管长期不用时，应将活塞部分垫上纸片，防止活塞打不开。碱式滴定管长期不用时应将胶管拔下。

第六节　重量分析基本操作技术

重量分析法是分析化学中重要的经典分析方法，可分为沉淀重量法、气体重量法（挥发法）和电解重量法。通常是用适当方法将被测组分经过一定步骤从试样中离析出来，称量其质量，进而计算出该组分的含量。最常用的沉淀重量法是将待测组分以难溶化合物从溶液中沉淀出来，沉淀经过陈化、过滤、洗涤、干燥或灼烧后，转化为称量形式称量，最后通过化学计量关系计算得出分析结果。沉淀重量分析法中的沉淀类型主要有两类，一类是晶形沉淀，另一类是无定形沉淀。

重量分析的基本操作包括：样品溶解、沉淀、过滤、洗涤、烘干和灼烧等步骤。任何过程的操作正确与否，都会影响最后的分析结果，故每一步操作都需认真、正确。

一、样品的溶解

液体试样一般直接量取一定体积置于烧杯中进行分析。固体试样的溶（熔）解可分为水溶、酸溶、碱溶和熔融等方法。根据被测试样的性质，选用不同的溶（熔）解试剂，以确保待测组分全部溶解，且不使待测组分发生氧化还原反应造成损失，加入的试剂应不影响测定。

所用的玻璃仪器内壁不能有划痕，以防黏附沉淀物。烧杯、玻璃棒、表面皿的大小要适宜，玻璃棒两头应烧圆，长度应高出烧杯5～7cm，表面皿的大小应大于烧杯口。

水溶性试样的溶解操作如下。

样品称于烧杯中，用表面皿盖好。

（1）试样溶解时产生气体的溶解方法　称取样品放入烧杯中，先用少量水将样品润湿，表面皿凹面向上盖在烧杯上，沿玻璃棒将试剂自烧杯嘴与表面皿之间的孔隙缓慢加入，或用滴管滴加，以防猛烈产生气体，加完试剂后，用水吹洗表面皿的凸面，流下来的水应沿烧杯内壁流入烧杯中，用洗瓶吹洗烧杯内壁。

（2）试样溶解时不产生气体的溶解方法　溶解时，取下表面皿，凸面向上放置，沿杯壁加溶剂或使试剂沿下端紧靠杯内壁的玻璃棒慢慢加入，加完后，需用玻璃棒搅拌的用玻璃棒搅拌使试样溶解，溶解后将玻璃棒放在烧杯嘴处（此玻璃棒不能作为它用），将表面皿盖在烧杯上，轻轻摇动，必要时可加热促其溶解，但温度不可太高，以防溶液溅失。

试样溶解需加热或蒸发时，应在水浴锅内进行，烧杯上必须盖上表面皿，以防溶液剧烈爆沸或迸溅，加热、蒸发停止时，用洗瓶洗表面皿或烧杯内壁。

二、试样的沉淀

为了达到重量分析对沉淀尽可能地完全和纯净的要求，实验操作必须严格按照具体操作步骤进行。需要按照沉淀的类型选择沉淀条件，如溶液的体积、酸度、温度，加入沉淀剂的数量、浓度、加入顺序、加入速度、搅拌速度、放置时间等等。

沉淀所需试剂溶液浓度准确到1%即可，液体试剂用量筒量取，固体试剂用台秤称取。

沉淀的类型不同，所采用的操作方法也不同。

晶形沉淀的沉淀条件即稀、热、慢、搅、陈"五字原则"。

稀：沉淀的溶液配制要适当稀释。

热：沉淀时在热溶液中进行。

慢：沉淀剂的加入速度要缓慢。

搅：沉淀时要用玻璃棒不断搅拌。

陈：沉淀完全后，要静止一段时间陈化。

沉淀操作时，一般左手拿滴管，滴管口接近液面，缓慢滴加沉淀剂，以免溶液溅出。右手持玻璃棒不断搅动溶液，防止沉淀剂局部过浓。搅拌时玻璃棒不要碰烧杯内壁和烧杯底，以免划损烧杯使沉淀附着在划痕处。速度不宜快，以免溶液溅出。加热时应在水浴或电热板上进行，不得使溶液沸腾。

沉淀完后，应检查沉淀是否完全：将沉淀溶液静置，待上层溶液澄清后，于上清液中滴加一滴沉淀剂，观察滴落处是否浑浊，如浑浊，表明沉淀未完全，还需补加沉淀剂，直至再次检查时上层清液清亮。沉淀完全，盖上表面皿，放置一段时间或在水浴上保温静置1h左右，进行陈化。非晶形沉淀沉淀时宜用较浓的沉淀剂，加入沉淀剂和搅拌的速度均可快些，沉淀完全后用蒸馏水稀释，不必放置陈化。

三、沉淀的过滤和洗涤

过滤和洗涤的目的在于将沉淀从母液中分离出来，使其与过量的沉淀剂及其他杂质组分分开，并通过洗涤将沉淀转化成一纯净的单组分。应根据沉淀的性质选择适当的滤器。

不需称量的沉淀或烘干后即可称量或热稳定性差的沉淀，均应在微孔玻璃漏斗（坩埚）内进行过滤，对于需要灼烧的沉淀物，常在玻璃漏斗中用滤纸进行过滤和洗涤。

过滤和洗涤必须一次完成，不能间断。在操作过程中，不得造成沉淀的损失。

1. 用滤纸过滤

（1）滤纸　重量分析中常用定量滤纸进行过滤，滤纸分定性滤纸和定量滤纸两种。定量滤纸有"无灰滤纸"，灼烧后灰分极少，小于 0.0001g，质量可忽略不计；定量滤纸经灼烧后，若灰分质量大于 0.0002g，则需从沉淀物中扣除其质量，一般市售定量滤纸都已注明每张滤纸的灰分质量，可供参考。定量滤纸按滤速可分为快、中、慢速三种，一般为圆形，按直径有 11cm、9cm、7cm 等几种规格。根据沉淀的性质选择合适的滤纸，根据沉淀量的多少选择滤纸的大小。沉淀物完全转入滤纸中后，高度一般不超过滤纸圆锥高度的 1/3 处。表 2-5 是常用国产定量滤纸的灰分质量，表 2-6 是国产定量滤纸的类型。

表 2-5　国产定量滤纸的灰分质量

直径/cm	7	9	11	12.5
灰分/（g/张）	3.5×10^{-5}	5.5×10^{-5}	8.5×10^{-5}	1.0×10^{-4}

表 2-6　国产定量滤纸的类型

类型	滤纸盒上色带标志	滤速/（s/100mL）	适用范围
快速	白色	60~100	无定形沉淀，如 $Fe(OH)_3$、$Al(OH)_3$、H_2SiO_3
中速	蓝色	100~160	中等粒度沉淀，如 $MgNH_4PO_4$、SiO_2
慢速	红色	160~200	细粒状沉淀，如 $BaSO_4$、$CaC_2O_4 \cdot 2H_2O$

（2）漏斗　漏斗是长颈漏斗，颈长为 15~20cm，漏斗锥体角为 60°，颈的直径一般为 3~5mm，出口处磨成 45°角，如图 2-11 所示。漏斗的大小应使折叠后滤纸的上缘低于漏斗上缘约 0.5~1cm，不能超出漏斗边缘。

（3）滤纸的折叠　滤纸的折叠如图 2-12 所示。

滤纸按四折法折叠，折叠时，先将手洗干净，揩干，将滤纸整齐地对折，然后再对折，此时不能压紧，把滤纸放入漏斗中。观察滤纸是否能与漏斗内壁紧密贴合，若未紧密贴合可以适当改变滤纸折叠角度，直至与漏斗贴紧后把第二次的折边折紧。取出圆锥形滤纸，将半边为三层滤纸的外层折角撕下一块，撕下来的那一小块滤纸用来擦拭烧杯内残留的沉淀，保存备用。

（4）做水柱　折叠好的滤纸放入漏斗中，三层的一边放在漏斗出口短的一边，用食指按紧三层的一边，用洗瓶吹入少量水润湿滤纸，轻按滤纸边缘，使滤纸的锥体与漏斗之间没有空隙，用洗瓶加水至滤纸边缘，此时漏斗颈内应全部被水充满，当漏斗中水全流尽后，颈内水柱仍能保留且无气泡。水柱可以提高过滤速度。

若形不成完整的水柱，可用手指堵住漏斗下口，稍微掀起滤纸三层的一边，用洗瓶向滤纸与漏斗间的空隙加水，直到漏斗颈和锥体的大部分被水充满，按紧滤纸边，放开堵住出口的手指，此时水柱即可形成。用去离子水冲洗滤纸，将漏斗放在漏斗架上，下面放一个盛接滤液的洁净烧杯，漏斗出口长的一边靠近烧杯壁，漏斗位置以过滤过程中漏斗颈的出口不接触滤液为度。漏斗和烧杯上均盖好表面皿，备用。

（5）倾泻法过滤和初步洗涤　过滤分三个阶段进行：第一阶段采用倾泻法，尽可能把清液先过滤去，并初步洗涤烧杯中的沉淀；第二阶段转移沉淀到漏斗上；第三阶段清洗烧杯和洗涤漏斗上的沉淀。此三步操作一定要一次完成，不能间断。

过滤时采用倾泻法，可以避免沉淀堵塞滤纸的空隙，影响过滤速度。倾斜静置烧杯，待沉淀下降后，先将上层清液倾入漏斗中。

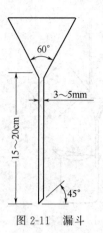

图 2-11　漏斗

沉淀完全后，静置，待沉淀下降后，将烧杯移到漏斗上方，轻轻提起玻璃棒，将玻璃棒下端轻碰一下烧杯壁使悬挂的液滴流回烧杯中，将烧杯嘴与玻璃棒贴紧，玻璃棒要直立，下端对着滤纸的三层边，尽可能靠近滤纸但不接触。倾入的溶液量一般只充满滤纸的 2/3，离滤纸上边缘至少 5mm，否则少量沉淀因毛细管作用越过滤纸上缘，造成损失。如图 2-13 所示。

暂停倾泻溶液时，烧杯沿玻璃棒向上提起，逐渐直立烧杯，以免使烧杯嘴上的液滴流失。等玻璃棒和烧杯变为几乎平行时，将玻璃棒离开烧杯嘴而移入烧杯中。玻璃棒放回原烧杯时，勿将清液搅浑，也不要靠在烧杯嘴处，如烧杯嘴处沾有少量沉淀会导致烧杯内的液体较少而不便倾出，此时可将玻璃棒稍向左倾斜，烧杯倾斜角度更大。倾泻法若一次不能将上清液倾注完时，应等

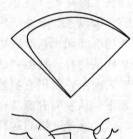

图 2-12　滤纸的折叠

烧杯中沉淀下沉后再次倾注。重复操作至上清液倾完。带沉淀的烧杯放置方法如图 2-14 所示。

过滤开始后，应随时检查滤液是否透明，如不透明，说明有穿滤现象发生，此时须更换另一洁净烧杯盛接滤液，在原来漏斗上再次过滤已接滤液；如发现滤纸穿孔，则应更换滤纸重新过滤，用过的滤纸需保留。

倾注完后，在烧杯中作初步洗涤。洗涤液的选择，应根据沉淀的类型而定。

① 晶形沉淀　选用冷的稀的沉淀剂进行洗涤，可以减少沉淀的溶解损失。若沉淀剂为不挥发的物质，则不能用作洗涤液，可用蒸馏水或其他合适的溶液。

② 无定形沉淀　用热的电解质溶液作洗涤剂，大多采用易挥发的铵盐溶液作洗涤剂。

③ 溶解度较大的沉淀　可采用沉淀剂加有机溶剂洗涤沉淀。

洗涤时，沿烧杯壁旋转加入约 15mL 洗涤液吹洗烧杯内壁，使黏附着的沉淀集中在烧杯底部，用倾泻法倾出过滤清液，重复 3～4 次。每次尽可能把洗涤液倾倒尽。加入少量洗涤液于烧杯中，搅拌均匀，立即将沉淀和洗涤液一起，通过玻璃棒转移至漏斗上。

（6）沉淀的转移　沉淀用倾泻法洗涤后，全部倾入漏斗中。如此重复 2～3 次，使大部分沉淀都转移到滤纸上。将玻璃棒横架在烧杯口上，下端应在烧杯嘴上，且超出杯嘴 2～3cm，用左手食指压住玻璃棒上端，大拇指在前，其余手指在后，将烧杯倾斜放在漏斗上方，杯嘴向着漏斗，玻璃棒下端指向滤纸的三边层，用洗瓶或滴管吹洗烧杯内壁，沉淀连同

25

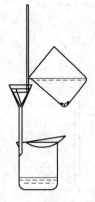

图 2-13　倾泻法过滤　　图 2-14　过滤时带沉淀和溶液的烧杯放置方法　　图 2-15　转移沉淀的操作

溶液流入漏斗中（图 2-15）。如有少许沉淀吹洗不下来，可用前面折叠滤纸时保留的纸角擦"活"，即以水润湿滤纸后，先擦玻璃棒上的沉淀，再用玻璃棒按住纸块，沿杯壁自上而下旋转着把沉淀倾出，然后用玻璃棒将它拨出，放入该漏斗中心的滤纸上，与主要沉淀合并。用洗瓶吹洗烧杯，把擦"活"的沉淀微粒涮洗入漏斗中。在明亮处仔细检查烧杯内壁、玻璃棒、表面皿，若仍有痕迹，则需重复操作至完全。也可用沉淀帚（图 2-16）在烧杯内壁自上而下、从左向右擦洗烧杯上的沉淀，然后洗净沉淀帚。

（7）洗涤　沉淀转移完全后即进行洗涤，目的是除去吸附在沉淀表面的杂质及残留液。洗涤方法如图 2-17 所示，洗涤应"从缝到缝"，即从滤纸的多重边缘开始，螺旋形地往下移动，最后到多重部分停止，可使沉淀洗得干净且可将沉淀集中到滤纸的底部，以免沉淀外溅。洗涤沉淀的原则是少量多次，即每次螺旋形往下洗涤时，所用洗涤剂的量要少，以便尽快沥干，沥干后，再行洗涤。如此反复多次，直至沉淀洗净为止，可提高洗涤效率。一般洗涤 8～10 次，或洗至流出液无 Cl^- 为止（洗几次后，用小试管或小表面皿接取少量滤液，用硝酸酸化的 $AgNO_3$ 溶液检查滤液中是否还有 Cl^-，若无白色浑浊，即可认为已洗涤完毕，否则需进一步洗涤）。

过滤和洗涤沉淀的操作不能间隔过久，必须不间断地一次完成。若沉淀干固，粘成一团，就无法洗涤干净了。无论是盛沉淀还是盛滤液的烧杯，都应该经常用表面皿盖好。每次过滤完液体后，应将漏斗盖好，以防落入灰尘。

2. 用微孔玻璃坩埚（漏斗）过滤

微孔玻璃漏斗（坩埚）的滤板是用玻璃粉末在高温下熔结而成的，因此又常称为玻璃钢

图 2-16　沉淀帚　　　　图 2-17　在滤纸上洗涤沉淀　　　　图 2-18　微孔玻璃滤器

（a）微孔玻璃坩埚；（b）微孔玻璃漏斗

砂芯漏斗（坩埚）。不需称量的沉淀或烘干后即可称量或热稳定性差的沉淀，均应在微孔玻璃漏斗（坩埚）内进行过滤。微孔玻璃滤器如图2-18所示，不能用这种滤器过滤强碱性溶液，以免强碱腐蚀玻璃微孔。按微孔的孔径大小由大到小可分为六级，即 $G_1 \sim G_6$（或称 1 号~6 号）。其规格和用途见表2-7。玻璃漏斗（坩埚）必须在抽滤的条件下，采用倾泻法过滤。其过滤、洗涤、转移沉淀等操作均与滤纸过滤法相同。

表 2-7　微孔玻璃漏斗（坩埚）的规格和用途

滤板编号	孔径/μm	用　　途	滤板编号	孔径/μm	用　　途
G_1	20~30	滤除大沉淀物及胶状沉淀物	G_4	3~4	滤除液体中细的沉淀物或极细沉淀物
G_2	10~15	滤除大沉淀物及气体洗涤	G_5	1.5~2.5	滤除较大杆菌及酵母
G_3	4.5~9	滤除细沉淀及水银过滤	G_6	<1.5	滤除 1.4~0.6μm 的病菌

四、沉淀的干燥和灼烧

过滤所得沉淀经加热处理，即获得组成恒定的与化学式表示组成完全一致的沉淀。

（1）干燥器的准备和使用　干燥器是具有磨口盖子的密闭厚壁玻璃器皿，常用以保存坩埚、称量瓶、试样等物。干燥器底部盛放干燥剂，最常用的干燥剂是变色硅胶和无水氯化钙，其上搁置洁净的带孔瓷板。使用干燥器时，首先将干燥器擦干净，烘干多孔瓷板后，将干燥剂通过一纸筒装入干燥器的底部，应避免干燥剂沾污内壁的上部，然后盖上瓷板。它的磨口边缘涂一薄层凡士林，使之能与盖子密合，如图2-19所示。由于各种干燥剂吸收水分的能力都是有一定限度的，例如硅胶，20℃时，被其干燥过的1L空气中残留水分为 6×10^{-3}mg；无水氯化钙，25℃时，被其干燥过的1L空气中残留水分小于 0.36mg。因此干燥器中的空气并不是绝对干燥，只是湿度相对降低。所以灼烧和干燥后的坩埚和沉淀，如在干燥器中放置过久，可能会吸收少量水分而使质量增加。坩埚等可放在瓷板孔内。

图 2-19　干燥器

图 2-20　搬干燥器的动作

使用干燥器时应注意下列事项。

① 打开干燥器时，不能往上掀盖，应用左手按住干燥器下部，右手小心地把盖子稍微推开，等冷空气徐徐进入后，才能完全推开，盖子必须仰放在桌子上安全的地方。

② 搬移干燥器时要用双手，用大拇指紧紧按住盖子，如图2-20所示。

③ 太热的物体不能放入干燥器中。有时较热的物体放入干燥器后，空气受热膨胀会把盖子顶起来，应当用手按住盖子，不时把盖子稍微推开（不到1s），以放出热空气。

④ 灼烧或烘干后的坩埚和沉淀，在干燥器内不宜放置过久，否则会因吸收一些水分而

使质量略有增加。

⑤ 变色硅胶干燥时为蓝色（含无水 Co^{2+} 色），受潮后变粉红色（水合 Co^{2+} 色）。可以在 120℃烘受潮的硅胶，待其变蓝后反复使用，直至破碎不能用为止。

（2）坩埚的准备 先将瓷坩埚洗净，小火烤干或烘干，编号（可用含 Fe^{3+} 或 Co^{2+} 的蓝墨水在坩埚外壁上编号），然后在所需温度下加热灼烧。灼烧可在高温电炉中进行。由于温度骤升或骤降常使坩埚破裂，将坩埚在已升至较高温度的炉膛口预热一下，再放进炉膛中，最好将坩埚放入冷的炉膛中逐渐升高温度。一般在 800～950℃下灼烧 0.5h（新坩埚需灼烧 1h）。从高温炉中取出坩埚时，应先使高温炉降温。将坩埚移入干燥器中，将干燥器连同坩埚一起移至天平室，冷却至室温（约需 30min），称量。随后进行第二次灼烧，约 15～20min，冷却并称量。如果前后两次称量结果之差不大于 0.2mg，即可认为坩埚已达质量恒定，否则需重复灼烧，直至质量恒定。灼烧空坩埚的温度必须与以后灼烧沉淀的温度一致。

（3）沉淀的烘干 凡是用微孔玻璃滤器过滤的沉淀，可用烘干法处理。将微孔玻璃滤器连同沉淀放在表面皿上，置于烘箱中，选择合适的温度。烘干一般是在 250℃以下进行的。第一次烘干时间可稍长（如 2h），第二次烘干时间可缩短为 40min，沉淀烘干后，置于干燥器中冷至室温后称量。如此反复操作直至恒重。每次操作条件要保持一致。

（4）沉淀的包裹 欲从漏斗中取出沉淀和滤纸时，对于胶状沉淀，可用扁头玻璃棒将滤纸的三层部分挑起，向中间折叠，将沉淀全部盖住，如图 2-21 所示，再用玻璃棒轻轻转动滤纸包，以便擦净漏斗内壁可能粘有的沉淀。然后将滤纸包转移至已恒重的坩埚中。包晶形沉淀可按照图 2-22 中的（a）法或（b）法卷成小包，将沉淀包好后，用滤纸原来不接触沉淀的那部分，将漏斗内壁轻轻擦一下，擦下可能粘在漏斗上部的沉淀微粒。把滤纸包的三层部分向上放入已恒重的坩埚中，可使滤纸较易灰化。

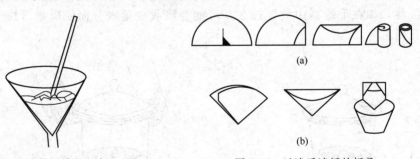

图 2-21 胶状沉淀的包裹   图 2-22 过滤后滤纸的折叠

（5）沉淀的干燥和灼烧 灼烧适用于用滤纸过滤的沉淀，是指高于 250℃以上温度进行的处理。沉淀的干燥和灼烧是在一个预先已经洗净并经过两次灼烧至质量恒定的坩埚中进行的。

沉淀和滤纸的烘干通常在电炉上进行，使它倾斜放置，多层滤纸部分朝上，盖上坩埚盖，稍留一些空隙，置于电炉上进行烘烤。稍稍加大火力，使滤纸炭化，如遇滤纸着火，可用坩锅盖盖住，使坩埚内火焰熄灭（切不可用嘴吹灭），火熄灭后，将坩埚盖移至原位，继续加热至全部炭化。注意火力不能突然加大，如温度升高太快，滤纸会生成整块的炭；炭化后加大火焰，使滤纸灰化。滤纸灰化后应该呈灰白色。为了使坩埚壁上的炭灰化完全，随时用坩埚钳夹住坩埚转动，为避免转动过剧沉淀飞扬，每次只能转一极小的角度。

滤纸和沉淀灰化后，将坩埚移入高温炉中（根据沉淀性质调节适当温度），盖上坩埚盖，但要留有空隙，灼烧 40～45min，其灼烧条件与空坩埚灼烧时相同。取出，冷却至室温，称量，然后进行第二次、第三次灼烧，直至坩埚和沉淀恒重为止。恒重，是指相邻两次灼烧后的称量差值在 0.2～0.4mg 之内。一般第二次以后灼烧 20min。

从高温炉中取出坩埚时，先将坩埚移至炉口，至红热稍退后，再将坩埚从炉中取出放在洁净耐火板上，在夹取坩埚时，坩埚钳应预热，待坩埚冷至红热退去后，再将坩埚转至干燥器中，盖好盖子，随后须开启干燥器盖 1～2 次。在坩埚冷却时，原则是冷至室温，一般须 30min 以上。每次灼烧、称量和放置的时间，都要保持一致。

第七节　定量分析中的分离操作技术

在分析化学实验中，经常会用到各种分离方法，这些分离方法和技术因为其原理不同，可以分为过滤、萃取、色谱分离及离子交换分离等几大类。其中过滤包括常压过滤和减压过滤，萃取包括液-液萃取和液-固萃取，色谱分离包括纸色谱、薄层色谱和柱色谱等。

一、过滤

分离溶液与沉淀最常用的操作方法是过滤法。溶液与沉淀的混合物通过过滤器（滤纸等）时，溶液通过过滤器，沉淀留在过滤器上。过滤后得到的溶液称为滤液。过滤方法主要有常压过滤、减压过滤（抽滤或真空过滤）和热过滤。

常压过滤：用内衬滤纸的锥形玻璃漏斗过滤，滤液靠自身的重力透过滤纸流下，实现分离。常压过滤操作参见第六节。

减压过滤（抽滤或真空过滤）可以加快过滤速度，得到的沉淀也比较干燥，但不适用过滤胶体沉淀或细小的晶体沉淀。

减压过滤装置如图 2-23 所示。水泵中急速的水流不断将空气带走，从而使吸滤瓶内压力减小，布氏漏斗内的液面与吸滤瓶内造成一个压力差，提高了过滤的速度。在连接水泵的

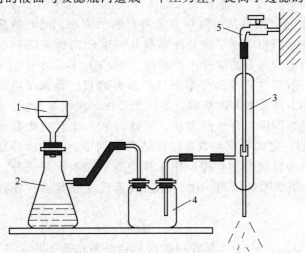

图 2-23　减压过滤装置

1—布氏漏斗；2—吸滤瓶；3—水泵；4—安全瓶；5—自来水龙头

橡皮管和吸滤瓶之间安装一个安全瓶，用以防止因关闭水阀或水泵内流速的改变引起自来水倒吸，进入吸滤瓶将滤液污染并冲稀。因此，在停止过滤时，应首先从吸滤瓶上拔掉橡皮管，然后才关闭自来水龙头，以防止自来水吸入瓶内。

抽滤用的滤纸应比布氏漏斗的内颈略小，但又能把瓷孔全部盖住。漏斗末端的斜面应对着吸滤瓶侧面的支管。将滤纸放入布氏漏斗中，铺平，用洗瓶挤出少量水润湿滤纸，慢慢打开自来水龙头，先抽气使滤纸紧贴，然后才往漏斗内转移溶液。转移溶液时，先将上层清液沿玻璃棒倾入漏斗，每次倾入量不应超过漏斗容量的 2/3，然后将水龙头开大，待清液过滤完以后，再转移沉淀，沉淀应尽量平铺在滤纸上，抽至沉淀比较干燥为止。在抽滤过程中，吸滤瓶中的滤液应低于其侧面的支管。抽滤完毕，应注意防止倒吸。沉淀的洗涤与常压过滤相似。最后，取出沉淀及滤液。取出沉淀时，应把漏斗取下，倒扣在滤纸或干净的容器上，在漏斗的边缘轻敲或用洗耳球从漏斗出口处往里吹气。滤液应从吸滤瓶的上口倒出至干净的容器中，不能从侧面的支管倒出，以免污染滤液。

有些浓的强酸、强碱或强氧化性的溶液，过滤时不能使用滤纸，因为它们要和滤纸作用而破坏滤纸。这时可用纯的确良布或尼龙布来代替滤纸。另外也可使用烧结玻璃漏斗（也叫玻璃砂漏斗），这种漏斗在化学实验室中常见的规格有四种，即 1 号、2 号、3 号、4 号，1号的孔径最大，可以根据沉淀颗粒不同来选用。但它不适用于强碱性溶液的过滤，因为强碱会腐蚀玻璃。

二、萃取

萃取是将存在于某一相的有机物用溶剂浸取、溶解，转入另一液相的分离过程。这个过程是利用有机物按一定的比例在两相中溶解分配的性质实现的。萃取分为液-液萃取和液-固萃取。向含有溶质 A 和溶剂 1 的溶液中加入一种与溶剂 1 不相溶的溶剂 2，溶质 A 自动地在两种溶剂间分配，达到平衡。此时溶质 A 在两种溶剂中的浓度之比称为溶质 A 在两种溶剂间的分配系数 K：

$$K = c_2 / c_1$$

式中，c_1 和 c_2 分别是溶质 A 在溶剂 1 和溶剂 2 中的浓度。只有当 A 在溶剂 2 中比在溶剂 1 中的溶解趋势大得多，即 K 值比 1 大得多时，溶剂 2 对于 A 的萃取才是有效的。

液-液萃取是一种适宜溶剂从溶液中萃取有机物的方法。此时所选溶剂与溶液中的溶剂不相溶，有机物在这两相以一定的分配系数从溶液转向所选溶剂中，如用苯分离煤焦油中的酚、用有机溶剂分离石油馏分中的烯烃、用 CCl_4 萃取水中的 Br_2。液-液萃取时两种溶剂对被萃取物的溶解性质及两种溶剂自相溶解的程度是选择溶剂的出发点。在萃取过程中，将一定量的溶剂分做多次萃取，其效果要比一次萃取为好。液-固萃取也叫浸取，是用一种适宜溶剂浸取固体混合物的方法。所选溶剂对此有机物有很大的溶解能力，有机物在固-液两相间以一定的分配系数从固体转向溶剂中。如用水浸取甜菜中的糖类，用酒精浸取黄豆中的豆油以提高油产量，用水从中药中浸取有效成分以制取流浸膏叫"渗沥"或"浸沥"。液-固萃取可以用一次回流法或索氏提取器法，各有不同的特点和使用场合。

三、色谱分离法

俄国植物学家 Tsweet 于 1903 年在用碳酸钙柱分离植物干燥叶子的石油醚萃取物时，用纯石油醚淋洗柱子，在碳酸钙柱子上得到了三种颜色的谱带，并称其为色谱（chromatography）。1931 年德国的 Kuhn 和 Lederer 用该方法分离了 60 多种色素，1941 年 Martin 和

Synge 提出用气体代替液体作流动相的可能性，11 年之后，James 和 Martin 发表了从理论到实践比较完整的气液色谱方法，并因此获得了 1952 年的诺贝尔化学奖。

色谱分析法是一种物理化学分析方法，基于混合物中各组分在两相（固定相和流动相）中溶解、解吸、吸附、脱附等作用力的差异，当两相做相对运动时，使各组分在两相中反复多次受到各作用力作用而得到相互分离。可以完成这种分离的仪器即色谱仪。色谱分析法的特点是对混合物具有高超的分离能力。色谱法有很多优点：分离效率高、应用范围广、分析速度快、样品用量少、灵敏度高、分离和测定一次完成及易于自动化，可在工业流程中使用。色谱分析法的优点是突出的，但是对分析对象的鉴别功能较差。

色谱法有多种类型，从不同的角度出发，有几种分类方法。按两相的状态分：流动相为气体的为气相色谱（GC），流动相为液体的为液相色谱（LC）。按固定相的固定方式分：固定相装在色谱柱中或涂在柱壁上的为柱色谱，将吸附剂粉末制成薄层作固定相的为薄层色谱（TLC），用滤纸上的水分子做固定相的纸色谱（PC）则称为平板色谱。按照分离机理分：可分为吸附色谱、分配色谱、离子交换色谱和排阻色谱等。经过一个多世纪的发展，目前色谱法是生命科学、材料科学、环境科学、农业科学、医药科学、食品科学、法庭科学以及航天科学等领域的重要手段。各种色谱仪器也成为各类实验室及研究室的重要仪器设备。常量定量分析中，常用的有纸色谱、薄层色谱和柱色谱。

纸色谱法是以滤纸为载体，附着在纸上的水是固定相。样品溶液点在纸上，作为展开剂的有机溶剂自下而上移动，样品混合物中各组分在水-有机溶剂两相发生溶解分配，并随有机溶剂的移动而展开，达到分离的目的。样品经展开后，可用比移值（R_f）表示其各组成成分的位置（比移值＝原点中心至斑点中心的距离/原点中心至展开剂前沿的距离），但由于影响比移值的因素较多，因而一般采用在相同实验条件下与对照物质对比以确定其异同。作为药品的鉴别时，样品在色谱中所显主斑点的颜色（或荧光）与位置，应与对照品在色谱中所显的主斑点相同。作为药品的含量测定时，将主色谱斑点剪下洗脱后，再用适宜的方法测定。纸色谱属于液-液分配色谱。合适的展开剂一般有一定的极性，但难溶于水。在有机溶剂和水两相间，不同的有机物会有不同的分配性质。水溶性大或能形成氢键的化合物，在水相中分配得多，在有机相中分配得少；极性弱的化合物在有机相中分配得多。纸色谱在糖类化合物、氨基酸和蛋白质、天然色素等有一定亲水性的化合物的分离中有广泛的应用。纸色谱的操作与薄层色谱很相似，只是纸色谱的载样量比薄层色谱更小些。

薄层色谱法是快速分离和定性分析少量物质的一种很重要的实验技术，属固-液吸附色谱，它兼备了柱色谱和纸色谱的优点，一方面适用于少量样品（几到几十微克，甚至 $0.01\mu g$）的分离；另一方面在制作薄层板时，把吸附层加厚加大，因此，又可用来精制样品。将吸附剂、载体或其他活性物质均匀涂铺在平面板（如玻璃板等）上，形成薄层，干燥后在涂层的一端点样，竖直放入一个盛有少量展开剂的有盖容器中。展开剂接触到吸附剂涂层，借毛细作用向上移动。与柱色谱过程相同，经过在吸附剂和展开剂之间的多次吸附-溶解作用，将混合物中各组分分离成孤立的样点，实现混合物的分离。

柱色谱法是将固定相装在色谱柱中或涂在柱壁上的色谱分离方法。柱色谱使用的固定相材料又称吸附剂。色谱管为内径均匀、下端缩口的硬质玻璃管，下端用棉花或玻璃纤维塞住，管内装入吸附剂。吸附剂的颗粒应尽可能保持大小均匀，以保证良好的分离效果。除另有规定外，通常多采用直径为 0.07～0.15mm 的颗粒。常用吸附剂有氧化铝、硅胶、活性炭等。色谱分离使用的流动相又称展开剂。展开剂对于选定了固定相的色谱分离有重要的影响。在色谱分离过程中，混合物中各组分在吸附剂和展开剂之间发生吸附-溶解分配，强极性展开剂对极性大的有机物溶解得多，弱极性或非极性展开剂对极性小的有机物溶解得多，随展开剂的流过，不同极性的有机物以不同的次序形成分离带并按次序流出柱子，实现分离的目的。

四、离子交换法

离子交换法是通过离子交换剂上的离子与水中离子交换以去除水中阴离子的方法。离子交换树脂是常用的离子交换剂。

离子交换树脂是一类带有功能基的网状结构的高分子化合物，它由不溶性的三维空间网状骨架、连接在骨架上的功能基团和功能基团上带有相反电荷的可交换离子三部分构成。离子交换树脂不溶于水和一般溶剂，机械强度较高，化学性质很稳定，一般情况下有较长的使用寿命。离子交换树脂可分为阳离子交换树脂、阴离子交换树脂和两性离子交换树脂。若带有酸性功能基，能与溶液中的阳离子进行交换，称为阳离子交换树脂；若带有碱性功能基，能与阴离子进行交换，则称为阴离子交换树脂。两性树脂是一类在同一树脂中存在着阴、阳两种基团的离子交换树脂，包括强酸-弱碱型、弱酸-强碱型和弱酸-弱碱型。

离子交换法制备纯水是将原水通过离子交换柱（内装离子交换树脂），在此过程中水中的离子与树脂上的离子交换，从而达到除去原水中杂质离子净化水质的目的。常见的两种离子交换方法分别是硬水软化和去离子法。

硬水软化需使用离子交换法，它的目的是利用阳离子交换树脂以钠离子来交换硬水中的钙与镁离子，此来降低水源内钙镁离子的浓度。其软化的反应式如下：

$$Ca^{2+} + 2Na—EX \longrightarrow Ca(EX)_2 + 2Na^+$$

$$Mg^{2+} + 2Na—EX \longrightarrow Mg(EX)_2 + 2Na^+$$

式中的 EX 表示离子交换树脂，这些离子交换树脂结合了 Ca^{2+} 及 Mg^{2+} 之后，将原本含在其内的 Na^+ 释放出来。

去离子法是将溶解于水中的无机离子排除，与硬水软化器一样，也是利用离子交换树脂的原理。在这里使用两种树脂：阳离子交换树脂与阴离子交换树脂。阳离子交换树脂利用氢离子（H^+）来交换阳离子，而阴离子交换树脂则利用氢氧根离子（OH^-）来交换阴离子，氢离子与氢氧根离子互相结合成中性水，其反应方程式如下：

$$M^{x+} + xH—EX \longrightarrow M(EX)_x + xH^+$$

$$A^{z-} + zOH—EX \longrightarrow A(EX)_z + zOH^-$$

上式中的 M^{x+} 表示阳离子，x 表示电价数，M^{x+} 与阴离子交换树脂结合后，释放出氢离子 H^+；A^{z-} 则表示阴离子，z 表示电价数，A^{z-} 与阴离子交换树脂结合后，释放出 OH^-。H^+ 与 OH^- 结合后即成中性的水。

这些树脂的吸附能力耗尽之后也需要再还原，阳离子交换树脂需要强酸来还原；相反的，阴离子则需要强碱来还原。阳离子交换树脂对各种阳离子的吸附力有所差异，它们的强弱程度及相对关系如下：

$$Ba^{2+} > Pb^{2+} > Sr^{2+} > Ca^{2+} > Ni^{2+} > Cd^{2+} > Cu^{2+} > Co^{2+} >$$

$$Zn^{2+} > Mg^{2+} > Ag^+ > Cs^+ > K^+ > NH_4^+ > Na^+ > H^+$$

阴离子交换树脂与各阴离子的亲和力强度如下：

$$SO_4^{2-} > I^- > NO_3^- > NO_2^- > Cl^- > HCO_3^- > OH^- > F^-$$

　　阴、阳离子交换树脂可被分别包装在不同的离子交换床中，分成所谓的阴离子交换床和阳离子交换床。也可以将阳离子交换树脂与阴离子交换树脂混在一起，置于同一个离子交换床中。不论是哪一种形式，当树脂与水中带电荷的杂质交换完树脂上的氢离子及（或）氢氧根离子，就必须进行"再生"。再生的程序恰与纯化的程序相反，利用氢离子及氢氧根离子进行再生，交换附着在离子交换树脂上的杂质。

第三章 常用分析仪器简介

第一节 电子天平

电子天平是最新发展起来的一类天平，如图 3-1 所示，其特点是操作简便，称量准确可靠，显示快速清晰。一般电子天平都装有小电脑，它是传感技术、模拟电子技术、数字电子技术和微处理器技术发展的综合产物，具有自动校准、自动显示、去皮重、自动数据输出、自动故障寻迹、超载保护等多种功能。新型电子天平还具有自动保温系统、四级防震装置，具有现场称量、自动浮力校正等许多功能，以及红外感应式操作（如开门、去皮）等附加功能。

图 3-1 各类型电子天平

1. 称量原理

电子天平是基于电磁学原理制造的，它利用电子装置完成电磁力补偿的调节，使物体在重力场中实现力矩的平衡，或通过电磁力矩的调节使物体在重力场中实现力矩的平衡，具有准确度高、稳定性好等特点。当秤盘上加上被称物时，传感器的位置检测器信号发生变化，并通过放大器反馈使传感器线圈中的电流增大，该电流在恒定磁场中产生一个反馈力与所加载荷相平衡；同时，该电流在测量电阻 R_m 上的电压值通过滤波器、模/数转换器送入微处理器，进行数据处理，最后由显示器自动显示出被称量物的质量。

2. 电子天平的分类

按电子天平的精度可分为以下几类。

（1）超微量电子天平　超微量天平的最大称量是 2～5g，其标尺分度值小于（最大）称量的 10^{-6}。

（2）微量天平　微量天平的称量范围一般在 3～50g，其分度值小于（最大）称量的 10^{-5}。

（3）半微量天平　半微量天平的称量范围一般在 20～100g，其分度值小于（最大）称量的 10^{-5}。

（4）常量电子天平　此种天平的最大称量一般在 100～200g，其分度值小于（最大）称量的 10^{-5}。

（5）电子分析天平　电子分析天平是常量天平、半微量天平、微量天平和超微量天平的总称。

（6）精密电子天平　这类电子天平是准确度级别为Ⅱ级的电子天平的统称。

3. 电子天平的结构（以岛津 AUY 系列为例，如图 3-2 所示）

4. 电子天平的简易操作程序

（1）调水平　调整地脚螺栓高度，使水平仪内空气泡位于圆环中央。

（2）开机　接通电源，按开关键 On/Off 直至全屏自检。

（3）预热　天平在初次接通电源或长时间断电之后，至少需要预热 30min。待显示屏上出现稳定的 0.0000g 即可开始称量。为取得理想的测量结果，天平应保持在待机状态。但首次使用天平必须进行校正。

（4）校正　首次使用天平必须进行校正。首先使其处于 g 显示，此时称量盘上应处于无物品状态。按 1 次校正键 CAL，显示屏上显示"E-CAL"，按 ［O/T］ 零点显示闪烁，约经 30s 后确定已稳定时，应装载的砝码值闪烁。打开称量室的玻璃门，装载显示出质量的砝码，关上玻璃门。稍等片刻，零点显示闪烁，将砝码从称量盘上取下，关上玻璃门。［CAL End］ 显示后返回到 g 显示时，灵敏度调整结束。

（5）称量　打开天平门，将样品瓶（或称量纸）放在天平的称量盘中，关上天平门，待读数稳定后记录显示数据。如需进行"去皮"称量，则按下去皮键 O/T，使显示为 0，然后放置样品进行称量。

（6）关机　天平应一直保持通电状态（24h），不使用时将开关置于待机状态，使天平处于保温状态，可延长天平的使用寿命。

由于电子天平自重较轻，使用中容易因碰撞而发生位移，进而可能造成水平改变，故使用过程中动作要轻。此外，电子天平还有一些其他的功能键，有些是供维修人员调校用的，未经允许学生不要使用这些功能键。

5. 电子天平的称量方法

使用电子天平称量，可根据被称物的不同性质，采用相应的称量方法。常用的称量方法有直接称量法和减量称量法。无论何种称量方法，称量时不得用手直接接触天平或取放被称物，可戴干净的手套，用纸条包住或用镊子取放，称量时天平门要关好。

（1）直接称量法　直接称量法适用于称量洁净干燥的器皿、块状的金属及不易潮解或升华的固体试样及不易吸湿、在空气中性质稳定的粉末状物质。

例如，使用精度为 0.1mg 的电子天平称量洁净干燥的器皿，开机预热后，天平显示屏显示为 0.0000g，将被称物放在秤盘上，直接称量其质量，显示屏的读数即为被称物的质量。当需要称取一定准确质量的粉末状试样时，可先用粗天平称量一定量的试样，准备一个

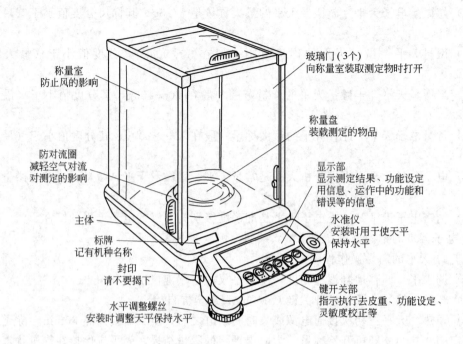

称量室
防止风的影响

玻璃门（3个）
向称量室装取测定物时打开

称量盘
装载测定的物品

防对流圈
减轻空气对流
对测定的影响

显示部
显示测定结果、功能设定
用信息、运作中的功能和
错误等的信息

主体

水准仪
安装时用于使天平
保持水平

标牌
记有机种名称

封印
请不要揭下

键开关部
指示执行去皮重、功能设定、
灵敏度校正等

水平调整螺丝
安装时调整天平保持水平

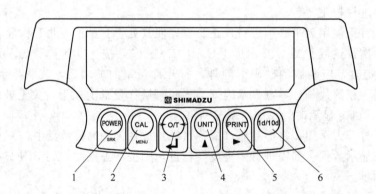

1   2   3   4   5   6

图 3-2   岛津 AUY 系列电子天平

1—POWER（开关键）；2—CAL（校准/菜单设定键）；3—O/T（去皮键）；4—UNIT（切换测定单位键）；

5—PRINT（打印键）；6—1d/10d（切换测定量程键）

洁净干燥的器皿，先用电子天平称量器皿的质量，然后按去皮键，去皮清零，取下器皿（此时显示屏应显示器皿质量的负值，注意不要按去皮键），倒入已粗称的试样，放在秤盘上，显示屏的读数即为试样的质量，如图 3-3 所示。

（2）减量称量法　此法适于称量易吸湿、易氧化与易与 CO_2 反应的物质。用此法称量的试样，应盛放在称量瓶内。称量瓶是具有磨口玻璃塞的容器，使用前必须洗净烘干，在干燥器内冷却至室温。不能放在不干净的地方，以免沾污称量瓶。

用此法称量首先将适量试样（应按所需称取的试样量稍多些）装入称量瓶内，盖上瓶盖。用手套或干净的纸折成纸条套住称量瓶，将称量瓶放在秤盘上，称出称量瓶加试样的准确质量，按去皮键，去皮清零，仍用纸条套住称量瓶，将其从秤盘上取出，右手戴手套或用一洁净小纸片包住瓶盖柄，在接收容器（如锥形瓶、烧杯）上方打开瓶盖，慢慢倾斜称量瓶身。用瓶盖轻轻敲瓶口部，使试样缓缓落入容器中，如图 3-4 所示。直到倒出的试样接近所需要的试样量时，边敲边慢慢竖起称量瓶，使黏附在瓶口的试样落入容器或落回称量瓶中，再盖好瓶盖。把称量瓶放回秤盘上，显示屏读数为倾倒出试样的负值，记下第一份读数，再去皮清零，重复上述操作，称得第二份质量。这样可连续称取多份试样。

图 3-3　直接称量法

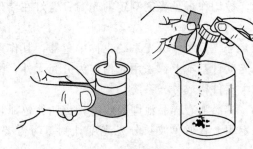

图 3-4　减量称量法

　　称量时注意：若第一次倒出的试样量不够时，可将称量瓶取出继续倒出试样，再放入秤盘称量，如在允许的称量范围内，则得第 1 份试样。但称取一份试样，最好在一两次内倒出所需量。若倒出次数过多，因试样吸潮，容易引起误差。若倒出的试样大大超过所需数量时，只能弃去，重新称量。

　　6. 电子天平的维护与保养

　　① 将天平置于稳定的工作台上，避免震动、气流及阳光照射。

　　② 在使用前调整水平仪气泡至中间位置。

　　③ 电子天平应按说明书的要求进行预热。

　　④ 称量易挥发和具有腐蚀性的物品时，要盛放在密闭的容器中，以免腐蚀和损坏电子天平。

　　⑤ 经常对电子天平进行自校或定期外校，保证其处于最佳状态。

　　⑥ 如果电子天平出现故障应及时检修，不可带"病"工作。

　　⑦ 操作天平不可过载使用以免损坏天平。

　　⑧ 若长期不用电子天平时应暂时收藏为好。

第二节　分光光度计

　　1. 测量原理

　　物质分子对可见光或紫外光的选择性吸收在一定的实验条件下符合 Lambert-Beer（朗伯-比尔）定律，即溶液中的吸光分子吸收一定波长光的吸光度 A 与溶液中该吸光分子的浓度 c 的关系为：

$$A = \lg \frac{I_0}{I_t} = \varepsilon b c \qquad (3\text{-}1)$$

　　式中，A 为吸光度；I_0 为入射光强度；I_t 为透射光强度；ε 为摩尔吸收系数（与入射光的波长、吸光物质的性质、温度等有关）；b 为样品溶液的厚度，cm；c 为溶液中待测物质的浓度，$mol \cdot L^{-1}$。根据 A 与 c 的线性关系，通过测定标准溶液和试样溶液的吸光度，用图解法或计算法，可求得试样中待测物质的浓度。

2. 仪器结构

分光光度计一般由以下几个部分组成。

（1）光源　光源的功能是提供稳定的、强度大的连续光。钨灯或卤钨灯在可见光区发光强度大，被用作可见光区测定的光源；氢灯在紫外光区发光强度大，被用作紫外光区测定的光源。

（2）分光系统　分光系统也称单色器，其作用是将光源提供的混合光色散成单色光。现代分光光度计基本上都采用光栅作为分光元件，配以入射狭缝、准光镜、投影物镜、出射狭缝等光学器件构成分光系统。

（3）样品池　样品池即吸收池，也叫比色皿，用光学玻璃或石英制成，用于盛放试样溶液供测定用。普通单波长分光光度计测量时需要两个比色皿，一个装待测液，另一个装参比液。

（4）检测显示系统　检测显示系统可将透过吸收池的光转换成电信号，经放大和对数转换后，以模拟或是数字信号的形式显示吸光度（或浓度）值。

分光光度计的结构框图见图3-5。

图3-5　分光光度计的结构框图

3. 使用方法

图3-6是722型可见分光光度计的外形图。这里以该型号的仪器为例，介绍可见分光光度计的一般使用方法。

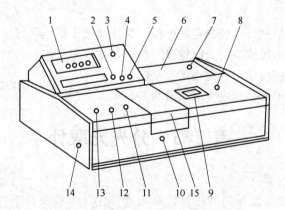

图3-6　722型可见分光光度计的外形图

1—数字显示器；2—吸光度调零旋钮；3—测量选择开关；4—吸光度斜率调节旋钮；
5—浓度调节旋钮；6—光源室；7—电源开关；8—波长调节旋钮；9—波长刻度窗；
10—比色皿架拉杆；11—100%T（透光率）调节旋钮；12—0%T（透光率）
调节旋钮；13—灵敏度调节旋钮；14—干燥器；15—比色室盖

① 打开仪器电源开关7，开启比色室盖15，预热20min。

② 将盛有参比液与待测液的比色皿放在比色皿架上，并转入比色室（注意卡位）。

③ 调节波长调节旋钮8，选择合适的波长。转动灵敏度调节旋钮13，选择合适的灵敏

度（尽可能选用低挡，即1挡；若步骤⑥不能调节透光率为100，可改为较高挡，如2挡；逐步提高。注意：每次改变灵敏度时，均需重复步骤⑤、⑥的操作）。测量选择开关3转为"透光率"。

④拉动比色皿架拉杆10，将参比液对准光路。

⑤开启比色皿室盖，用"0"旋钮12调节显示器1上透光率为0。

⑥关闭比色皿室盖，用"100"旋钮11调节显示器1上透光率为100。此时将测量选择开关3转为"吸光度"，则显示器1上显示值应为0.000。

⑦拉动比色皿架拉杆10，将待测液对准光路，显示器1上指示的数字就是待测液的吸光度。

⑧若需改变波长进行测量，则每次改变波长时，必须重复步骤③～⑥的操作。

⑨若需测定浓度，可将测量选择开关3置于"浓度"，再将已知浓度的标准样放入光路，用浓度调节旋钮5调节浓度值与标样浓度值相等。此后，拉动比色皿架拉杆10，使待测液进入光路，显示器1上指示的数字就是待测液的浓度。

⑩测定完毕后，取出比色皿，洗净，晾干后放入比色皿盒中；注意清洁比色架和比色室；关闭仪器电源后，盖上防尘罩。

4. 注意事项

①仪器连续使用时间不宜超过2h，若需长时间使用，应每连续使用2h后，关闭仪器电源恢复30min。

②比色皿在使用中应保持透光面的清洁，切勿用手指触摸透光面，也不要用粗糙的纸擦拭透光面。比色皿不能加热或烘烤，以免影响光程。

第三节　酸　度　计

1. 测量仪器及原理

酸度计也称pH计，由电极和电计两部分组成。电极分为指示电极和参比电极。

（1）指示电极　玻璃电极是测量pH的指示电极，其结构如图3-7所示。该电极内装有$0.1mol \cdot L^{-1}$ HCl内参比溶液，溶液中插有一支Ag-AgCl内参比电极；其下端的玻璃球泡是pH敏感电极膜（厚约0.1mm），能响应a_{H^+}，25℃时玻璃电极的膜电位与溶液的pH成线性关系：$E(玻璃)=E^{\ominus}(玻璃)-0.0592pH$。

（2）参比电极　通常以饱和甘汞电极为参比电极，其结构见图3-8。饱和甘汞电极是由金属汞、Hg_2Cl_2和饱和KCl溶液组成的电极，内玻璃管封接一根铂丝，铂丝插入纯汞中，纯汞下面有一层甘汞（Hg_2Cl_2）和汞的糊状物。外玻璃管中装入饱和KCl溶液，下端用素烧陶瓷塞塞住，通过陶瓷塞的毛细孔，可使内外溶液相通。饱和甘汞电极电位在一定温度下恒定不变，25℃时为0.2438V。

指示电极、参比电极与试液组成工作电池（原电池），电计在零电流的条件下测量其电动势。该工作电池的电动势为：

$$E=E_+ - E_- = E(甘汞)-E(玻璃)$$
$$=E(甘汞)-[E^{\ominus}(玻璃)+2.303RT\lg a_{H^+}/zF]$$
$$=E^{\ominus}+\frac{2.303RT}{zF}pH \tag{3-2}$$

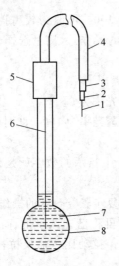

图 3-7 玻璃电极

1—导线；2—绝缘体；3—网状金属屏；

4—外套管；5—电极帽；6—Ag/AgCl内参比电极；

7—内参比溶液；8—玻璃薄膜

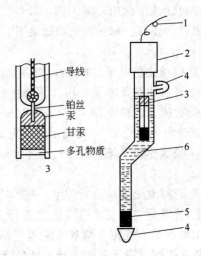

图 3-8 甘汞电极

1—导线；2—绝缘体；3—内部电极；

4—橡皮帽；5—多孔物质；

6—饱和KCl溶液

由式(3-2)有

$$pH = \frac{E - E^{\ominus}}{0.0592} \qquad (25℃) \qquad (3-3)$$

由式(3-3)可知，试液的pH与工作电池的电动势成线性关系。实际工作中，通常使用一pH已知的标准缓冲溶液作为基准对酸度计进行定位，并比较包含待测试液与包含标准缓冲溶液的两个工作电池的电动势来确定待测试液的pH。

2. 使用方法

现以pHS-3C型精密pH计（如图3-9所示）为例，对酸度计使用方法进行介绍。

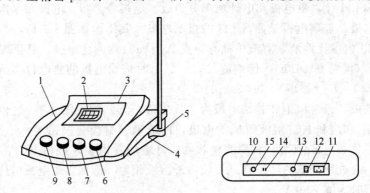

图 3-9 pHS-3C型精密pH计

1—机箱外壳；2—显示屏；3—面板；4—机箱底；5—电极杆插座；6—定位调节旋钮；

7—斜率补偿调节旋钮；8—温度补偿调节旋钮；9—选择开关旋钮；10—仪器后面板；

11—电源插座；12—电源开关；13—保险丝；14—参比电极接口；15—测量电极插座

（1）电极的准备

① 饱和甘汞电极中的KCl溶液应保持饱和状态（其中应有少量KCl晶体），并保持液

面覆盖甘汞柱。使用时必须取下侧支上的小胶塞，否则不能起到盐桥的离子交换作用。不用时应将小胶塞和末端胶帽套好。

② pH 玻璃电极敏感膜易碎，使用和贮存时应予以特别注意。新的或长期不用的玻璃电极使用前必须在纯水中浸泡一昼夜以上，使敏感膜水化。经常使用的玻璃电极可以将电极下端的敏感膜浸泡于蒸馏水中，以便随时使用。复合 pH 电极在不用时须浸泡在 $3mol \cdot L^{-1}$ KCl 溶液中。长期不用的玻璃电极应放在电极盒中贮存。

（2）操作步骤

① 将玻璃电极插入测量电极插座 15。取下参比电极的胶帽和胶塞，将其接入参比电极接口 14。将两支电极安装在电极架上，用纯水清洗，再用滤纸条吸干。此外，如果是用复合玻璃电极测 pH，则要将其插入测量电极插座 15，这时不必配用参比电极。

② 打开电源开关 12，预热 30min。

③ 将选择开关旋钮 9 旋至 pH 挡。调节温度补偿调节旋钮 8，使旋钮上的刻度线对准溶液温度值。把斜率补偿调节旋钮 7 顺时针旋到底（即旋到 100% 位置）。

④ 将清洗过的电极插入 $0.025mol \cdot L^{-1}$ KH_2PO_4-$0.025mol \cdot L^{-1}$ Na_2HPO_4 标准缓冲溶液（25℃下，pH 标准值为 6.86）中，调节定位调节旋钮 6，使仪器显示的数值与该标准缓冲溶液的 pH 一致。

⑤ 用纯水清洗电极后用滤纸条吸干。将电极插入 $0.05mol \cdot L^{-1}$ 邻苯二甲酸氢钾标准缓冲溶液（25℃下，pH 标准值为 4.01）或 $0.01mol \cdot L^{-1}$ 硼砂标准缓冲溶液（25℃下，pH 标准值为 9.18）中，调节斜率补偿调节旋钮 7，使仪器显示的数值与该标准缓冲溶液的 pH 一致。

⑥ 用纯水清洗电极并用滤纸条吸干。将电极插入被测试液，待显示屏上的读数稳定后，记录被测试液的 pH。

第四节　ZD-2 型自动电位滴定计

1. 工作原理

ZD-2 型自动电位滴定计由 ZD-2 型电位滴定计和 ZD-1 型滴定装置配套组成，前者可以单独作酸度计或毫伏计使用。当两种装置配套组成进行滴定时，首先需要确定滴定的终点电位，然后在滴定计上预设终点，以电为信号控制滴定剂流速，在离滴定终点较远时滴定剂流速较快，在接近滴定终点时滴定剂流速较慢。当电极电位与预先设定的终点电位差为零或极性相反时，自动停止滴定，从滴定管上读出滴定剂的消耗量。图 3-10 是 ZD-2 型自动电位滴定计的工作原理方框图。

当进行滴定时，被测溶液中离子浓度发生变化，浸在溶液中的一对电极两端的电位差即发生变化。这个渐变的电位经调制放大器以后送入取样回路，在其中电极系统所测得的直流信号 e 与按照滴定终点预先设定的电位相比较，其差值进入 e-t 转换器。e-t 转换器是一开关电路，将该差值成比例地转换成短路脉冲，使电磁阀吸通。当距终点较远时，由于 e 和终点电位差值大，电磁阀吸通时间长，滴液速度快；当接近终点时，差值逐渐减小，电磁阀吸通时间短，滴液流速减慢。仪器内还设有以防止到达终点时出现过漏现象的电子延迟电路，以提高滴定分析的准确性。

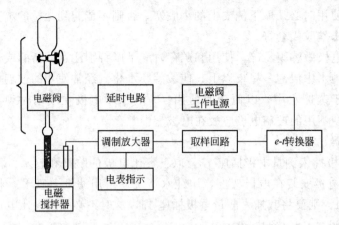

图 3-10　ZD-2 型自动电位滴定计和 DZ-1 型滴定装置配套使用时的工作原理方框图

2. ZD-2 型仪器调节器

ZD-2 型电位滴定计的外面板如图 3-11 所示。

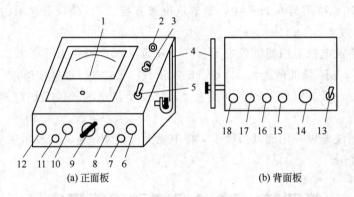

(a) 正面板　　　　　　　　　　　　　　(b) 背面板

图 3-11　ZD-2 型电位滴定计的外面板和调节器示意图

1—指示电表；2—指示电极插孔（－）；3—甘汞电极插孔（＋）；4—电极杆；5—读数开关；
6—校正旋钮；7—电源指示灯；8—温度补偿调节旋钮；9—选择开关；10—预定终点调节旋钮；
11—滴定选择开关；12—预控制调节旋钮；13—电源开关；14—三芯电源插座；15—暗调器；
16—输出电压（记录器信号电压）调节旋钮；17—记录器插座；18—配套插座

本仪器可以单独作为酸度计或毫伏计使用，故仅对比一般酸度计多增设的几个调节装置做如下介绍。

（1）选择开关 9　共分五挡，"mV 测量"、"pH 测量"挡为单独测量使用；"终点"挡为调节预定终点电位（或终点 pH 值）时使用；"pH 滴定"和"mV 滴定"挡分别为进行中和滴定、沉淀滴定、氧化还原滴定之用。

（2）预定终点调节旋钮 10　进行电位滴定时，用来调节电表读数指到滴定终点的 mV 值或 pH 值。若电极信号达到预定终点数值时，滴定便自动停止，故在实验中，一旦调节好后，不必再旋动此旋钮。这个旋钮只有当选择开关 9 置"终点"时，以及能驱动电表 1 读出欲选定的终点 mV 值（或 pH 值）时使用。

（3）预控制调节旋钮 12　是控制滴定速度的调节装置，可在 $100\sim300mV$ 或 $1\sim3pH$ 范围内任意调节。预控制指数小，滴定速度快，能节省时间，但容易产生过滴定；预控制指数大，滴定速度慢，时间长，但易保证准确性。

（4）滴定选择开关 11　它有"＋"、"－"两挡，是用来选择极性的。

（5）配套插座 18　专用于电位滴定的接线插座，将附件双头连接导线一端插入此插座，另一头插在 DZ-1 型滴定装置的配套插座上。若单独使用酸度计或毫伏计时，此插座无用。

（6）暗调节器 15　在仪器制造过程中调试时使用的调节器。仪器出厂前已调好，使用仪器时绝对不允许随意调动，否则会损坏仪器的准确度。一旦调动后，在没有专门调试设备的条件下很难复原。

3. DZ-1 型滴定装置

本装置的外板面如图 3-12 所示。

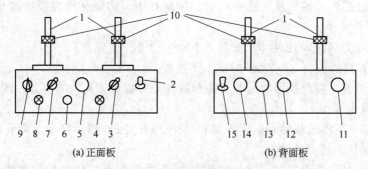

图 3-12　DZ-1 型滴定装置的外面板和调节器示意图

1—支架杆；2—滴定开始开关；3—工作开关；4—终点指示灯；5—转速调节旋钮；6—滴定指示灯；

7—电磁阀选择开关；8—搅拌指示灯；9—搅拌开关；10—电磁控制阀；11—配套电极；

12,13—电磁控制插座；14—三芯电源插座；15—电源开关

（1）滴定开始开关 2　是控制电磁控制阀 10 的开关器，用作自动滴定时，将工作开关 3 置于"滴定"位置，按下此开关约 2s 即进行滴定，放开时就停止滴定。

（2）工作开关 3　此开关分为"滴定"、"控制"和"手动"三挡，用来选择工作状态。"滴定"挡用于自动滴定；"手动"挡用于人工滴定；"控制"挡为溶液滴定至预定的 pH 值或 mV 值时用。

（3）终点指示灯 4　是指示剂滴定工作是否正在进行的信号灯，滴定至终点时就熄灭。但将工作开关 3 拨至"控制"挡时，虽然达到所预定的 pH 值或 mV 值，此指示灯仍不熄灭。

（4）转速调节旋钮 5　用来调节电磁搅拌器的转速。

（5）滴定指示灯 6　在按滴定开始开关 2 后发亮，随着滴定液的滴下与否而时亮时暗，表示电磁控制阀 10 的开通与关闭。

（6）电磁阀选择开关 7　有两挡，拨至"1"时，左边的电磁阀工作；拨至"2"时，右边的电磁阀工作。

（7）电磁控制阀 10　是由电磁铁及弹簧片组成的控制阀门。当电磁铁线圈的电源接通后，夹在其中的橡胶管被放松，溶液顺利通过，进行滴定。无信号时，电磁铁线圈的电源断路，橡皮管被夹紧，停止滴定。

4. 使用方法

（1）手动滴定的准备工作

① 电极的选择　氧化还原反应采用饱和甘汞电极或铂电极；中和反应可采用玻璃电极

和甘汞电极；银盐与卤素反应，则可采用银电极和双液接甘汞电极。

② 电极安装　将指示电极夹在电极夹右边的夹口内，参比溶液夹在电极夹左边的夹口内。

③ 将电极夹固定在支架上，位于电磁控制阀的下面。滴定管由滴定管夹夹住后固定在支杆上，位于电磁控制阀的上面。

④ 将橡皮管穿过电磁控制阀中弹簧片与电磁铁之间的空隙，其上端套在滴定管下口上，下端与滴液管（玻璃毛细管）连接，将滴液管夹在电极夹右边的小夹口内。滴液管下口插入溶液中后，应调节到比指示电极的敏感部位中心略高的位置，使液滴滴出时可顺着搅拌的方向首先接触指示电极，这样能提高滴定精度。

⑤ 将搅拌磁芯放入盛试液（准确吸取）的烧杯中，将烧杯放在搅拌器盘上，并将电极浸入。

⑥ 将工作开关（图 3-12 中 3）拨至"手动"位置。

⑦ 用双头连接插头将 ZD-2 型与 DZ-1 型连接。

⑧ 仪器操作前，两台仪器的电源开关和搅拌开关指在"关"的位置，读数开关放开。

（2）手动滴定操作

① 开启 DZ-1 型滴定装置和电源开关 15 及搅拌开关 9，指示灯亮。调节转速调节器 3 使搅拌从慢逐渐加快至适当的转速。

② 使用左边电磁阀滴定时，将电磁阀选择开关 7 拨至"1"，使用右边电磁阀滴定时，则拨至"2"。

③ 开启 ZD-2 型的电源开关 13，预热 20min 左右。

④ 按下读数开关 5，旋动校正旋钮 6 使指针指在 pH 7 或左边零点或右边零位。放在读数开关位置，指针应无位移，否则应再作调节，此后切勿再旋动校正旋钮。

⑤ 按下 DZ-1 型的滴定开始开关 2，则终点指示灯 4 和滴定指示灯 6 亮，此时滴液滴下。控制滴液滴下的数量至需要加入的量时，放开滴定开始开关，则滴定告终。

（3）自动滴定的准备工作

①～⑤ 的操作同手动滴定准备工作。

⑥ 根据滴定的具体情况将预控制调节旋钮（图 3-11 中 12）旋至适当位置。

⑦ 滴定选择开关的调节决定于滴定剂的性质及电极的连接位置。设指示灯电极插孔为"－"，参比电极为"＋"，则表 3-1 可作为选择其"＋"、"－"位置的参考。

表 3-1　滴定选择开关位置的确定

标准溶液	指示电极的接法	滴定选择开关 11 的位置
氧化剂	Pt 电极接"－"；甘汞电极或 W 电极接"＋"	"＋"
还原剂	Pt 电极接"－"；甘汞电极或 W 电极接"＋"	"－"
酸	玻璃电极或 Sb 电极接"－"；甘汞电极或 W 电极接"＋"	"＋"
碱	玻璃电极或 Sb 电极接"－"；甘汞电极或 W 电极接"＋"	"－"
银盐	Ag 电极接"－"；甘汞电极或 W 电极接"＋"	"＋"
卤化物	Ag 电极接"－"；甘汞电极或 W 电极接"＋"	"－"

⑧ 将工作开关（图 3-12 中 3）拨至"滴定"位置。用双头连接插头将 ZD-2 型和 ZD-1 型连接。

（4）自动滴定操作

①～④ 的操作同手动滴定操作。

⑤ 将选择开关（图 3-11 中 9）旋至"终点"处，旋动预定终点调节旋钮（图 3-11 中 10）使电表指针指在终点的 pH 值或 mV 值上，此后切勿再旋动预定终点调节旋钮。然后，再将选择开关拨至"pH 滴定"或"mV 滴定"位置。

⑥ 按下 DZ-1 型滴定装置上的滴定开始开关 2 约 2～5s 后放开。此时终点指示灯 4 亮，滴定指示灯 6 亦亮，并随着滴定时亮时暗。滴液快速滴下，电表指针向终点逐渐接近；当电表指针达到预定终点的 pH 值或 mV 值时，终点指示灯熄灭，滴定完成。

⑦ 做好结束工作。

第四章 酸碱滴定实验

实验一 滴定分析基本操作练习

（一）准确称量练习（电子天平的使用）

【实验目的】

1. 掌握电子天平的使用规则和使用方法。

2. 学会直接称量法和差减称量法。

【实验原理】

见第三章电子天平。

【仪器和试剂】

电子天平，台秤，干燥的烧杯，称量瓶，干燥器。试样：风干研细的土样等。

【实验步骤】

1. 接通电源，检查水平仪，如不水平可通过水平螺脚调节。轻按"ON"键，显示器全亮，两秒后显示天平型号，待显示屏显示"0.0000"，如果未显示"0.0000"，则轻按一下"TARE"键。

2. 直接称量法练习

（1）用台秤粗称出干燥烧杯的质量。

（2）将粗称好的烧杯放在电子天平秤盘上，显示稳定后，按一下"TARE"键（去皮键），去皮清零。

（3）取下烧杯（此时显示屏显示烧杯质量的负值，注意不要按去皮键），倒入已粗称的试样，放在秤盘上，显示屏的读数即为试样的质量。

3. 差减称量法练习

（1）用台秤粗称出装有试样的称量瓶的质量。

（2）在电子天平上称出称量瓶加试样的准确质量（m_1）。

（3）取出称量瓶，在接受容器的上方，倾斜瓶身，用称量瓶盖轻敲瓶口上部使试样慢慢落入容器中。当倾出的试样接近所需量时，一边继续用瓶盖轻敲瓶口，一边逐渐将瓶身竖直，使黏附在瓶口上的试样落下，盖好瓶盖；把称量瓶放回天平秤盘上，准确称量其质量（m_2）。两次质量之差，即为倾出试样的质量（$\Delta m_1 = m_1 - m_2$）。

（4）按上述方法连续递减，可称取多份试样。

4. 减量法练习

（1）用台秤粗称出装有试样的称量瓶的质量。

（2）把装有试样的称量瓶放在电子天平秤盘上，显示稳定后，按一下"TARE"键使显示为零。

（3）取出称量瓶，向烧杯中敲出土样，待显示屏显示质量（不管负号"－"）达到分析要求，即可记录分析结果。

【思考题】

1. 用差减法称取试样的过程中，若称量瓶内的试样吸湿，对称量有何影响？若试样倾入烧杯后再吸湿，对称量有无影响？为什么？

2. 提高称量的准确度，应采取哪些措施？

3. 称量的记录和计算中，如何正确运用有效数字？

（二）比较滴定（酸碱滴定管的使用）

【实验目的】

1. 练习滴定分析的基本操作。

2. 初步掌握滴定终点的控制。

【实验原理】

由于浓盐酸不仅含有杂质，而且容易挥发，氢氧化钠容易吸收空气中的水分和二氧化碳，因此不能直接配制准确浓度的盐酸和氢氧化钠溶液，而只能先配制成近似浓度的溶液，再进行标定。

NaOH 和 HCl 溶液反应达等量点时：

$$c(\text{HCl})V(\text{HCl}) = c(\text{NaOH})V(\text{NaOH})$$

即

$$\frac{c(\text{HCl})}{c(\text{NaOH})} = \frac{V(\text{NaOH})}{V(\text{HCl})}$$

因此，通过比较滴定，可以确定等量点时两者的体积比，其中一种溶液的浓度已知，另一种溶液的浓度即可求出。

【仪器和试剂】

酸式滴定管，碱式滴定管，移液管，锥形瓶，量筒，试剂瓶，烧杯，洗瓶，表面皿，玻璃棒，台秤，滴管等。

6mol·L^{-1} HCl，固体 NaOH，酚酞指示剂，甲基橙指示剂。

【实验步骤】

1. 配制 500mL 0.1mol·L^{-1} HCl 标准溶液

用小量筒量取 6mol·L^{-1} HCl 9mL，倒入装有 500mL 蒸馏水的烧杯中，转移入试剂瓶，盖上塞子，贴上标签，摇匀备用。

2. 配制 500mL 0.1mol·L^{-1} NaOH 标准溶液

在台秤上用表面皿称取 2g 固体 NaOH，倒入烧杯中，加水 500mL，使之全部溶解，移入试剂瓶中，贴上标签，摇匀备用。

3. 比较滴定

将配好的 0.1mol·L^{-1} HCl 溶液和 0.1mol·L^{-1} NaOH 溶液分别装入酸式和碱式滴定管中（注意：装管前一定要用所装溶液润洗三次），将酸碱滴定管的气泡赶掉，把液面放至 $0.00\sim1.00\text{mL}$ 刻度处。

（1）酸滴定碱 用移液管移取 25.00mL NaOH 标准溶液于 250mL 锥形瓶中，加 1 滴甲基橙指示剂，摇匀。用 0.1mol·L^{-1} HCl 溶液滴定，边滴定边不停地旋摇锥形瓶，使之充分反应，并注意观察溶液的颜色变化。刚开始滴定时速度可稍快些，在近等量点时，速度应减慢，要一滴一滴地加入，甚至半滴半滴地加入。当滴入 HCl 使溶液的颜色突然由黄色变为橙色，指示滴定终点已到。如果溶液由黄色变为红色，说明终点过了，练习时可以用 NaOH 溶液回滴，溶液显橙色为终点。如果溶液由红色又变为黄色，说明终点又过了，还需要再用 HCl 溶液回滴，这样反复滴定，达到能准确控制终点的目的。最后正式滴定，不许回滴，分别记录 NaOH、HCl 溶液消耗的体积，平行滴定 3～4 次，并计算它们的体积比。

（2）碱滴定酸 用移液管移取 25.00mL HCl 标准溶液于 250mL 锥形瓶中，加 1 滴酚酞指示剂，溶液显无色，摇匀，用 0.1mol·L^{-1}NaOH 溶液滴定至淡粉红色，约 30s 不褪色，示为终点。如果红色较深，说明终点已过，应该用 HCl 溶液回滴，滴至无色，然后再用 NaOH 溶液滴定至粉红色，30s 不褪色，示为终点。反复练习，直到准确控制终点为止。正式滴定，分别记录 NaOH、HCl 溶液消耗的体积，平行滴定 3～4 次，并计算它们的体积比。

【注意事项】

1. 强酸强碱在使用时要注意安全。

2. 倾倒 HCl、NaOH 等试剂时，手心要握住试剂瓶上标签部位，以保护标签。

【思考题】

1. 滴定管在装标准溶液前为什么要用标准溶液润洗三次？滴定用的锥形瓶要不要润洗？为什么？

2. 为什么用 HCl 溶液滴定 NaOH 时选用甲基橙指示剂，而用 NaOH 滴定 HCl 溶液时选用酚酞指示剂？

3. 设滴定体积的测量误差为 ±0.02mL，为了保证滴定结果的相对误差在 0.2% 以内，滴定时最少应消耗多少毫升酸或碱标准溶液？

（三）定量转移、定容和准确移取（容量瓶和移液管的使用）

【实验目的】

1. 正确掌握定量转移、定容和准确移取的操作方法。

2. 练习正确使用容量瓶和移液管的基本操作。

【实验原理】

见第二章第五节滴定分析基本操作技术。

【仪器和试剂】

分析天平，250mL 容量瓶，25mL 移液管，烧杯，洗瓶，玻璃棒，滴管等。

固体 Na_2CO_3。

【实验步骤】

1. 定量转移、定容

用减量法准确称取 2.0g 左右 Na_2CO_3 一份，放入 250mL 烧杯中，加蒸馏水溶解，将溶液定量转移至 250mL 容量瓶中定容，充分摇匀。

2. 准确移取

用移液管（注意：移液前一定要用所移溶液润洗三次）吸取 25.00mL 上述溶液于 250mL 锥形瓶中。

【注意事项】

容量瓶使用前要试漏。

【思考题】

　　1. 移液管在移溶液前为什么要用所移溶液润洗三次？

　　2. Na₂CO₃ 试样未溶解完全就转移至容量瓶中定容，容易产生什么后果？

　　3. 移液管尖嘴部分残留的液体是否需要用洗耳球吹到锥形瓶中？

实验二　酸碱溶液的配制及浓度的标定

【实验目的】

　　1. 进一步熟练滴定管、容量瓶、移液管的使用方法。

　　2. 掌握酸碱标准溶液的配制方法。

【实验原理】

　　酸标准溶液通常用盐酸和硫酸来配制。因为盐酸不会破坏指示剂，同时大多数氯化物易溶于水，稀盐酸又较稳定，所以多数用盐酸来配制。如果样品需要过量的标准酸共同煮沸时，以硫酸标准溶液为好，尤其标准酸浓度大时，更应如此。

　　碱标准溶液常用 NaOH 和 KOH，也可用 Ba(OH)₂ 来配制。NaOH 标准溶液应用最多，但它易吸收空气中 CO_2 和水分，并能腐蚀玻璃，所以长期保存要放在塑料瓶中。

　　由于浓 HCl 和 NaOH 不够稳定，也不易获得纯品，所以用间接方法来配制其标准溶液。

　　标定 HCl 标准溶液的基准物质有：无水碳酸钠、硼砂（$Na_2B_4O_7 \cdot 10H_2O$），这两种物质比较，硼砂更好些，因为它摩尔质量比较大。硼砂标定 HCl 的反应式为：

$$Na_2B_4O_7 + 2HCl + 5H_2O \Longrightarrow 4H_3BO_3 + 2NaCl$$

由于硼砂在空气中易失去部分结晶水而风化，因此应保存在相对湿度 60％ 的干燥器中。

　　本实验采用无水 Na₂CO₃ 标定 HCl，其反应式为：

$$Na_2CO_3 + 2HCl \Longrightarrow 2NaCl + H_2O + CO_2$$

计量点时溶液 pH 为 3.8～3.9，可选用甲基橙为指示剂。由于 Na₂CO₃ 易吸水，因而预先于 180℃ 下充分干燥，并保存于干燥器中。

　　标定 NaOH 标准溶液的基准物质有草酸、邻苯二甲酸氢钾等。

　　邻苯二甲酸氢钾标定 NaOH 的反应式为：

计量点时溶液呈微碱性（pH 约 9.1），可用酚酞作指示剂。

　　用草酸标定 NaOH，由于草酸是二元弱酸（$K_{a_1}^{\ominus} = 5.9 \times 10^{-2}$，$K_{a_2}^{\ominus} = 6.4 \times 10^{-5}$），用 NaOH 滴定时，草酸分子中的两个 H^+ 一次被 NaOH 滴定，标定反应为：

$$2NaOH + H_2C_2O_4 \Longrightarrow Na_2C_2O_4 + 2H_2O$$

　　计量点时，溶液略偏碱性（pH 约 8.4），pH 突跃范围为 7.7～10.0，可选用酚酞作指示剂。

【仪器和试剂】

　　酸式滴定管，碱式滴定管，锥形瓶，烧杯，试剂瓶，量筒，台秤，电子天平等。

　　$6mol \cdot L^{-1}$ HCl，NaOH 固体，酚酞指示剂，甲基红指示剂，甲基橙指示剂，邻苯二甲酸氢钾（A.R.），硼砂（A.R.）。

【实验步骤】

　　1. 标准溶液的粗配

（1）0.1mol·L^{-1} HCl标准溶液的配制　用小量筒量取9mL 6mol·L^{-1} HCl，倒入细口瓶中，加蒸馏水至500mL，盖上塞子，贴上标签，摇匀备用。

（2）0.1mol·L^{-1} NaOH标准溶液的配制　在台秤上称取NaOH固体2.0g于烧杯中，加入100mL蒸馏水溶解，倒入试剂瓶中，用蒸馏水稀释至500mL，塞上橡皮塞，摇匀，贴上标签，备用。

2. 标准溶液的标定

（1）0.1mol·L^{-1} HCl溶液的标定　在电子天平上用差减法准确称取0.4g左右的硼砂于250mL锥形瓶中，加30mL蒸馏水溶解后，加甲基红1滴，用待标定的HCl溶液滴定至溶液颜色由黄色变为微红色且30s内不褪色示为终点。记录消耗HCl的体积，计算HCl的准确浓度。平行测定3～5次，其相对平均偏差应小于0.2%。或用差减法准确称取0.10g左右无水Na$_2$CO$_3$于250mL锥形瓶中，加30mL蒸馏水溶解后，加甲基橙1滴，用待标定的HCl溶液滴定至溶液颜色由黄色变为橙色为终点。记录消耗HCl的体积，计算HCl的准确浓度。平行测定3～5次，其相对平均偏差应小于0.2%。

（2）0.1mol·L^{-1} NaOH的标定

① 用KHC$_8$H$_4$O$_4$标定　在分析天平上用差减法准确称取0.5g KHC$_8$H$_4$O$_4$于250mL锥形瓶中，加30mL无CO$_2$的蒸馏水溶解，加1滴酚酞指示剂，用待标定的NaOH滴定至终点，记录NaOH的体积，计算NaOH的准确浓度。平行测定3～5次，其相对平均偏差应小于0.2%。

$$c(\text{NaOH}) = \frac{m(\text{KHC}_8\text{H}_4\text{O}_4)}{M(\text{KHC}_8\text{H}_4\text{O}_4)V(\text{NaOH})}$$

$$M(\text{KHC}_8\text{H}_4\text{O}_4) = 204.22\text{g·mol}^{-1}$$

② 用草酸标定　准确称取0.12～0.19g H$_2$C$_2$O$_4$·2H$_2$O三份，分别置于250mL锥形瓶中，加30mL蒸馏水溶解后，加2～3滴酚酞指示剂，用NaOH标准溶液滴定至微红色，半分钟不褪色，即为终点。按下式计算NaOH标准溶液的浓度。

$$c(\text{NaOH}) = \frac{2m(\text{H}_2\text{C}_2\text{O}_4·2\text{H}_2\text{O})}{M(\text{H}_2\text{C}_2\text{O}_4·2\text{H}_2\text{O})V(\text{NaOH})}$$

③ 与HCl标准溶液比较滴定　用移液管吸取25.00mL HCl标准溶液于锥形瓶中，加入2～3滴酚酞指示剂，用配制的NaOH溶液滴定至刚出微红色，半分钟不褪色，即为终点。平行滴定2～3次。按下式计算NaOH标准溶液的浓度。

$$c(\text{NaOH}) = \frac{V(\text{HCl})}{V(\text{NaOH})}c(\text{HCl})$$

【思考题】

1. 粗配NaOH溶液时，应选用台秤还是电子天平称取NaOH？为什么？

2. 标定HCl溶液时，可用硼砂作基准物质或用NaOH标准溶液两种方法进行标定，比较这两种方法的优缺点。

3. CO$_2$的存在对酸碱标定有无影响？如何消除它的影响？

4. 用基准物质配制成标准溶液来标定和直接称取基准物质来标定，各有什么优缺点？

实验三　食用白醋中总酸度的测定

【实验目的】

1. 掌握碱标准溶液的标定方法。

2. 掌握食用白醋总酸度的测定原理、方法和操作技术。

【实验原理】

食用白醋的主要成分是醋酸，此外，还有少量其他有机酸，如乳酸。因醋酸的 $K_a=1.8\times10^{-5}$，乳酸的 $K_a=1.4\times10^{-4}$，都能满足 $cK_a\geqslant10^{-8}$ 的滴定条件，故均可被标准溶液直接滴定。所以实际测得的结果是食醋的总酸度。因醋酸含量多，故常用醋酸含量表示。此滴定属于强碱滴定弱酸，突跃范围偏于碱性区，选酚酞作指示剂。

【仪器和试剂】

碱式滴定管，锥形瓶，烧杯，试剂瓶，量筒，台秤，电子天平等。

$0.1mol\cdot L^{-1}$ NaOH 溶液，酚酞指示剂，食醋样品，邻苯二甲酸氢钾（A. R.）。

【实验步骤】

1. $0.1mol\cdot L^{-1}$ NaOH 标准溶液的配制与标定

见实验二。

2. 食醋总酸度的测定

食醋中含醋酸大约为 $3\%\sim5\%$，浓度较大，需要适当稀释。

用 10mL 移液管移取 10.00mL 食醋试液于 100mL 容量瓶中，加水稀释至刻度，摇匀。移取上述溶液 25.00mL 于锥形瓶中，加 2 滴酚酞指示剂，用 NaOH 标准溶液滴定至微红色，半分钟不褪色为终点。平行测定 3～5 次。计算食醋试液中的总酸量，用 $\rho(HAc)$ 表示。

【数据处理】

$$\rho(HAc)(g\cdot L^{-1})=\frac{c(NaOH)V(NaOH)M(HAc)}{25.00}\times10$$

$$M(HAc)=60.05g\cdot mol^{-1}$$

【注意事项】

1. 注意碱式滴定管滴定前要赶走气泡，滴定过程中不要形成气泡。

2. NaOH 标准溶液滴定 HAc，属强碱滴定弱酸，CO_2 的影响严重，注意除去所用碱标准溶液和蒸馏水中的 CO_2。

【思考题】

1. 以此实验为例说明 CO_2 对酸碱滴定的影响和消除办法。

2. 标定 NaOH 溶液浓度时称量 $KHC_8H_4O_4$ 要不要十分准确？溶解时加水量要不要十分准确？为什么？

实验四　混合碱的测定（双指示剂法）

【实验目的】

1. 了解多元弱酸盐滴定过程中 pH 值的变化。

2. 学会用双指示剂法测定混合碱的原理和操作技术。

【实验原理】

混合碱可能是 Na_2CO_3、$NaHCO_3$、NaOH 或其混合物，其中 $NaHCO_3$ 与 NaOH 不能共存，利用双指示剂滴定法，可以分别测定混合碱中各组分的含量，总碱量通常用 Na_2O 的含量表示。

以 Na_2CO_3 与 $NaHCO_3$ 混合为例，双指示剂法首先是在待测的混合液中加入一种指示剂（例如酚酞），由于 Na_2CO_3 的碱性比 $NaHCO_3$ 强，因此在滴加 HCl 标准溶液时，HCl 首先和 Na_2CO_3 作用。又因 Na_2CO_3 是可以分步中和的二元碱，当全部 Na_2CO_3 转变为 $NaHCO_3$ 后（这可从指示剂变色反映出来），再加入另一指示剂（例如甲基橙），继续滴加 HCl 便和 $NaHCO_3$（注意，此时的 $NaHCO_3$ 包括 Na_2CO_3 第一步中和反应的产物和试样中原有的 $NaHCO_3$）起作用。根据滴定中两种指示剂指示两个不同的终点，分别求出它们的含量。如图 4-1 所示。

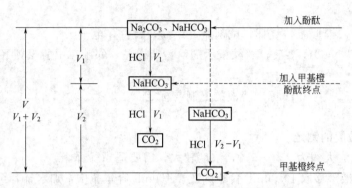

图 4-1　用 HCl 滴定 Na_2CO_3 和 $NaHCO_3$ 示意图

V_1 是酚酞变色，达第一等量点时 Na_2CO_3 完全与 HCl 作用转为 $NaHCO_3$ 所需用的 HCl 体积。V_2 是甲基橙变色，达第二等量点时 $NaHCO_3$ 变为 CO_2 所消耗的 HCl 体积。未知碱样的组成与 V_1、V_2 的关系见表 4-1。

表 4-1　V_1、V_2 的大小与未知碱样的组成

V_1 与 V_2 的关系	$V_1>V_2$ 且 $V_2\neq0$	$V_1<V_2,V_1\neq0$	$V_1=V_2$	$V_1\neq0,V_2=0$	$V_1=0,V_2\neq0$
碱样的组成	$OH^-+CO_3^{2-}$	$CO_3^{2-}+HCO_3^-$	CO_3^{2-}	OH^-	HCO_3^-

【仪器和试剂】

酸式滴定管，锥形瓶，烧杯，试剂瓶，量筒，台秤，电子天平等。

$0.1mol \cdot L^{-1}$ HCl 标准溶液，酚酞指示剂，甲基橙指示剂，混合碱样品。

【实验步骤】

1. $0.1mol \cdot L^{-1}$ HCl 标准溶液的配制与标定

见实验二。

2. 样品溶液的配制

准确称取混合碱样品 1.5g 左右（或 0.5～0.6g），放入 250mL 烧杯中，加 50mL 蒸馏水溶解，将溶液定量转移到 250mL（或 100mL）容量瓶中定容，充分摇匀，备用。

3. 样品测定

用移液管移取 25.00mL 样品溶液于 250mL 锥形瓶中，加入酚酞指示剂 1 滴，用 $0.1mol \cdot L^{-1}$ HCl 标准溶液慢慢滴至红色消失，记录 HCl 用量 V_1。再加入甲基橙指示剂 1 滴，用 HCl 标准溶液继续滴定至溶液由黄色变为橙色，记录 HCl 用量 V_2。平行测定 3～5 次，取其平均值。

【数据处理】

$V_1<V_2$ 时，混合样为 $Na_2CO_3+NaHCO_3$：

$$w(\text{Na}_2\text{CO}_3) = \frac{c(\text{HCl})V_1 M(\text{Na}_2\text{CO}_3)}{m_{\text{样}} \times \dfrac{25.00}{250.0}}$$

$$w(\text{NaHCO}_3) = \frac{c(\text{HCl})(V_2 - V_1) M(\text{NaHCO}_3)}{m_{\text{样}} \times \dfrac{25.00}{250.0}}$$

$V_2 < V_1$ 时，混合样为 $\text{Na}_2\text{CO}_3 + \text{NaOH}$

$$w(\text{NaOH}) = \frac{c(\text{HCl})(V_1 - V_2) M(\text{NaOH})}{m_{\text{样}} \times \dfrac{25.00}{250.0}}$$

$$w(\text{Na}_2\text{CO}_3) = \frac{c(\text{HCl})V_2 M(\text{Na}_2\text{CO}_3)}{m_{\text{样}} \times \dfrac{25.00}{250.0}}$$

以 Na_2O 表示的总碱量

$$w(\text{Na}_2\text{O}) = \frac{\dfrac{1}{2}c(\text{HCl})(V_1 + V_2) M(\text{Na}_2\text{O})}{m_{\text{样}} \times \dfrac{25.00}{250.0}}$$

$M(\text{Na}_2\text{CO}_3) = 106.00\,\text{g}\cdot\text{mol}^{-1}$；$M(\text{NaHCO}_3) = 84.01\,\text{g}\cdot\text{mol}^{-1}$；$M(\text{Na}_2\text{O}) = 61.98\,\text{g}\cdot\text{mol}^{-1}$

【注意事项】

1. 第一个滴定终点是酚酞由红色变无色，容易滴过，所以要细致观察，慢慢滴定至红色恰消失为好。

2. 第二个滴定终点要注意 CO_2 的影响。由于溶液中有 CO_2 的存在，使甲基橙指示剂的终点不很明显，如果滴定到溶液刚变橙色时，将溶液加热煮沸 1min，以赶走 CO_2，这时溶液变黄色，如溶液褪色可再加指示剂，冷却后，再滴入少量 HCl 至溶液变橙色，终点明显。

【思考题】

1. 此实验第一等量点时溶液的 pH 如何计算？NaHCO_3 水溶液的 pH 与其浓度有无关系？

2. 用酚酞作指示剂指示第一等量点时变色不敏锐，为避免这个问题，还可选用什么指示剂？

3. 此实验滴定到第二个终点时应注意什么问题？

4. 测定混合碱（可能有 NaOH、Na_2CO_3、NaHCO_3），判断下列情况下混合碱中存在的成分是什么。

(1) $V_1 = 0$，$V_2 \neq 0$；　　(2) $V_2 = 0$，$V_1 \neq 0$；　　(3) $V_2 \neq 0$，$V_1 > V_2$；

(4) $V_1 \neq 0$，$V_2 > V_1$；　　(5) $V_1 = V_2 \neq 0$。

实验五　果蔬中总酸度的测定

【实验目的】

掌握果蔬中总酸度的测定原理、方法和操作技术。

【实验原理】

果蔬及其加工品中所含的酸为有机酸（包括苹果酸、柠檬酸、酒石酸和草酸），可用碱标准溶液直接滴定。由于滴定产物为弱酸，滴定到等量点时溶液呈碱性，应选酚酞作指示剂。因为 CO_2 的存在会多消耗碱标准溶液，产生正误差，故应将蒸馏水先煮沸，待冷却后立即使用，以消除 CO_2 的影响。测定出的酸度为总酸度，计算时以该果蔬所含主要酸来表示。如苹果、梨、桃、杏、李子、番茄、莴苣主要含苹果酸，以苹果酸计，柑橘类以柠檬酸计，葡萄以酒石酸计等。

【仪器和试剂】

打浆机，常压过滤装置，碱式滴定管，锥形瓶，烧杯，试剂瓶，量筒，台秤，电子天平等。

$0.1mol \cdot L^{-1}$ NaOH 溶液，酚酞指示剂，果蔬样品，邻苯二甲酸氢钾（A. R.）。

【实验步骤】

1. NaOH 标准溶液的标定

见实验二。

2. 样品测定

在 100mL 烧杯中称取粉碎并混合均匀的果蔬试样 20.00g，用蒸馏水将试样移入 250mL 容量瓶中定容，摇匀。用干滤纸滤入干燥烧杯中，移取 50.00mL 滤液于 250mL 锥形瓶中，加酚酞指示剂 1 滴，用 NaOH 标准溶液滴定至淡粉色即为终点。平行测定 3～5 次。

【数据处理】

$$w(酸度) = \frac{c(NaOH)V(NaOH)K}{m_样} \times \frac{250.0}{50.00}$$

式中，K 为换算系数（即毫摩尔质量），其中，苹果酸：0.067；柠檬酸：0.064；酒石酸：0.075；乳酸：0.090。

【注意事项】

1. 选样要有代表性。

2. 如果试液本身有颜色干扰终点观察，可用活性炭脱色。

【思考题】

1. 过滤时为什么要用干漏斗和干烧杯？如有水存在对测定有何影响？

2. 为什么要用刚煮沸并冷却的蒸馏水？

3. 苹果酸、柠檬酸、酒石酸和草酸能否用 NaOH 标准溶液分步滴定？

实验六　蛋壳中碳酸钙含量的测定

【实验目的】

1. 掌握蛋壳中碳酸钙的测定原理和方法。

2. 熟练返滴定法的操作技术。

【实验原理】

蛋壳中的主要成分是 $CaCO_3$，将其研碎后溶于过量 HCl 标准溶液中，发生如下反应：

$$CaCO_3(s) + 2H^+(aq) = Ca^{2+}(aq) + CO_2(g) + H_2O(l)$$

过量的 HCl 用 NaOH 标准溶液回滴，根据所加入的 HCl 标准溶液的浓度和体积及回滴使用的 NaOH 标准溶液的浓度和体积，即可测定出蛋壳中碳酸钙的含量。

【仪器和试剂】

酸式滴定管，碱式滴定管，锥形瓶，烧杯，试剂瓶，量筒，台秤，电子天平等。

$0.5mol \cdot L^{-1}$ NaOH 溶液，$0.5mol \cdot L^{-1}$ HCl 溶液，甲基橙指示剂，蛋壳样品，邻苯二甲酸氢钾（A.R.），无水 Na_2CO_3（A.R.）。

【实验步骤】

1. HCl、NaOH 标准溶液的标定

见实验二。

2. 样品测定

取洗净烘干的蛋壳研碎、过筛（80～100目）（蛋壳样品的内膜须剥去）。准确称取此粉末样品 0.2g 左右，置于 250mL 锥形瓶中，用滴定管逐滴加入 HCl 标准溶液 30mL 左右，摇匀，放置 30min（浮在泡沫中的粉末也应被酸完全溶解），加入 1～2 滴甲基橙指示剂，用 NaOH 标准溶液回滴至溶液由橙红色变黄色即为终点，记录 NaOH 消耗的体积，平行测定 3～5 次。

【数据处理】

$$w(CaCO_3) = \frac{\frac{1}{2}[c(HCl)V(HCl) - c(NaOH)V(NaOH)]M(CaCO_3)}{m_{样}}$$

$$M(CaCO_3) = 100.10g \cdot mol^{-1}$$

【注意事项】

1. 蛋壳粉末要溶解完全，否则会引起较大测量误差。

2. 注意碱式滴定管滴定前要赶走气泡，滴定过程中不要形成气泡。

【思考题】

1. 如果蛋壳没有完全溶解，测定结果会产生正误差还是负误差？

2. CO_2 对测定是否有影响？

实验七　铵盐中含氮量的测定（甲醛法）

【实验目的】

1. 掌握铵盐中氮的测定原理和方法。

2. 熟练置换滴定方式的操作技术。

【实验原理】

铵盐中氮以铵根离子（NH_4^+）的形式存在。NH_4^+ 是一元弱酸（$K_a = 5.6 \times 10^{-10}$），不能用 NaOH 标准溶液直接滴定，可用蒸馏法或甲醛法进行测定，常用的是甲醛法。

甲醛法是将铵盐与甲醛作用，生成定量的酸和六亚甲基四胺（$(CH_2)_6N_4$），这一定量的酸用 NaOH 标准溶液滴定。反应式为：

$$4NH_4^+ + 6HCHO \Longrightarrow (CH_2)_6N_4H^+ + 3H^+ + 6H_2O$$

$$H^+ + OH^- \Longrightarrow H_2O$$

$$(CH_2)_6N_4H^+ + OH^- \Longrightarrow (CH_2)_6N_4 + H_2O$$

六亚甲基四胺（$(CH_2)_6N_4$）为弱酸，$K_b = 1.4 \times 10^{-9}$，溶液 pH $\approx$ 8.9，选酚酞作指示剂。

【仪器和试剂】

碱式滴定管，锥形瓶，烧杯，试剂瓶，量筒，台秤，电子天平等。

$0.1mol\cdot L^{-1}$ NaOH 溶液，酚酞指示剂，甲基红指示剂，果蔬样品，邻苯二甲酸氢钾（A.R.），甲醛（1：1）（A.R.），铵盐试样。

【实验步骤】

1. NaOH 标准溶液的标定

见实验二。

2. 铵盐试液的制备

准确称取铵盐样品 1.5g 左右（或 0.6～0.7g），放入 250mL 烧杯中，加水溶解，将溶液定量转移到 250mL（或 100mL）容量瓶中定容，充分摇匀，备用。

3. 样品测定

移取 25.00mL 样品试液于 250mL 锥形瓶中，加甲基红指示剂 1～2 滴，用 NaOH 标准溶液滴定至溶液由红变黄（约 1 滴 NaOH），表示试液中游离酸已除掉（不计 NaOH 体积）。然后加入 5mL 甲醛，溶液由黄又变红（为什么?），再加入酚酞指示剂 1 滴，摇匀，静置 1min 后，用 NaOH 标准溶液滴定至金黄色，30s 不褪色示为终点。平行测定 3～5 次。

由于溶液中加了两种指示剂，所以滴定过程中溶液颜色的变化为：

红色　　　→　　橙色　　　→　　黄色　　　→　　橙黄色　　　→　　红色

pH<4.4　　　　5.0　　　　　　>6.2　　　　　8.7　　　　　　　　>10

甲基红色————————————————→甲基红和酚酞混合色　　酚酞色

【数据处理】

$$w(N)=\frac{c(NaOH)V(NaOH)M(N)}{m_{样}}\times\frac{250.0}{25.00}$$

$$M(N)=14.01g\cdot mol^{-1}$$

【注意事项】

由于滴定过程中颜色变化复杂，所以终点颜色判断一定要正确。不要把第一次出现的橙色误认为是终点。

【思考题】

1. 铵盐中氮的测定，为什么不采用 NaOH 直接滴定法？

2. 甲醛法测定铵盐中的氮，为什么事先需要除去游离酸？怎样除掉？

3. 为什么中和甲醛中的游离酸用酚酞作指示剂，而中和铵盐样品中的游离酸则用甲基红作指示剂？

第五章 配位滴定实验

实验八 EDTA 标准溶液的配制和标定

【实验目的】

1. 掌握配位滴定法的原理，了解配位滴定的特点。

2. 学会 EDTA 标准溶液的配制和标定方法。

3. 了解金属指示剂的特点，熟悉钙指示剂和二甲酚橙指示剂的使用。

【实验原理】

乙二胺四乙酸（简称 EDTA，常用 H_4Y 表示）是一种多齿有机配体，能与金属离子形成稳定的螯合物。因此，EDTA 是一种良好的配位剂，在配位滴定中常用作标准溶液测定某些金属离子的含量。

EDTA 难溶于水，常温下在水中的溶解度仅为 $0.2g \cdot L^{-1}$（约 $0.0007mol \cdot L^{-1}$），在分析中并不适用，因此通常使用其二钠盐来配制标准溶液。乙二胺四乙酸二钠盐在水中的溶解度为 $120g \cdot L^{-1}$，可配成 $0.3mol \cdot L^{-1}$ 的溶液，其水溶液的 $pH \approx 4.8$（分析中常用的浓度是 $0.01 \sim 0.05mol \cdot L^{-1}$），通常采用间接法配制标准溶液。

标定 EDTA 溶液常用的基准物质有 Zn、ZnO、$CaCO_3$、$NH_4Fe(SO_4)_2 \cdot 12H_2O$、Bi、Cu、$MgSO_4 \cdot 7H_2O$、Hg、Ni、Pb 等。实验中，通常选用其中与被测物组分相同的物质作基准物，这样标定和测定的条件较一致，可减小误差。标定 EDTA 溶液常用下面几种方法。

1. 以纯金属 Zn 或 ZnO 为基准物，铬黑 T 或二甲酚橙为指示剂进行标定。

(1) 在 $pH = 10$ 的 NH_3-NH_4Cl 缓冲溶液中，以铬黑 T 为指示剂进行标定。

在 $pH = 10$ 时，铬黑 T 呈蓝色，它与 Zn^{2+} 的络合物呈红色。

$$Zn^{2+} + HIn^{2-} \Longrightarrow ZnIn^- + H^+ \qquad (In 代表铬黑 T)$$
$$\quad\quad\quad\quad\;\text{（蓝色）}\quad\quad\text{（红色）}$$

当滴入 EDTA 时，溶液中游离的 Zn^{2+} 首先与 EDTA 络合。

$$Zn^{2+} + H_2Y^{2-} \Longrightarrow ZnY^{2-} + 2H^+$$

此时，溶液仍为红色，到达化学计量点附近时，EDTA 夺取 $ZnIn^-$ 络合物中的 Zn^{2+}，释放出指示剂，从而引起溶液颜色的变化，溶液呈指示剂的蓝色，即为滴定终点。

$$ZnIn^- + H_2Y^{2-} \Longrightarrow ZnY^{2-} + HIn^{2-} + H^+$$
$$\text{（红色）}\quad\quad\quad\quad\quad\quad\quad\quad\text{（蓝色）}$$

(2) 在 $pH = 5 \sim 6$ 的六亚甲基四胺-HCl 缓冲溶液中，以二甲酚橙为指示剂进行标定。

EDTA 溶液若用于测定 Pb^{2+}、Bi^{3+} 离子，则宜以 ZnO 或金属 Zn 为基准物，以二甲酚橙作为指示剂。在 $pH = 5 \sim 6$ 时，二甲酚橙本身呈黄色，它与 Zn^{2+} 的络合物呈紫红色。到达滴定终点时，二甲酚橙被游离出来，溶液由紫红色变为亮黄色。其反应式为：

$$Zn^{2+} + HIn^{2-} \Longrightarrow ZnIn^- + H^+ \qquad (In 代表二甲酚橙)$$

（黄色）　　　　　（紫红色）

$$Zn^{2+} + H_2Y^{2-} \Longrightarrow ZnY^{2-} + 2H^+$$

$$ZnIn^- + H_2Y^{2-} \Longrightarrow ZnY^{2-} + HIn^{2-} + H^+$$

（紫红色）　　　　　　　　　　　　（黄色）

根据 Zn 的量和消耗的 EDTA 体积可求得 EDTA 标准溶液的浓度。

2. 以 $CaCO_3$ 为基准物进行标定

EDTA 溶液若用于测定石灰石或白云石中 CaO、MgO 的含量，则宜用 $CaCO_3$ 作基准物。首先可加 HCl 溶液，发生如下反应：

$$CaCO_3 + 2HCl \longrightarrow CaCl_2 + CO_2\uparrow + H_2O$$

然后把溶液转移到容量瓶中并稀释，制成钙标准溶液。吸取一定量钙标准溶液，调节酸度至 $pH \geqslant 12$，用"钙指示剂"，用 EDTA 溶液滴定至溶液由酒红色变为纯蓝色，即为终点。其变色原理如下。

钙指示剂（常以 H_3Ind 表示）在水溶液中按下式解离：

$$H_3Ind \Longrightarrow 2H^+ + HInd^{2-}$$

在 $pH \geqslant 12$ 的溶液中，$HInd^{2-}$ 与 Ca^{2+} 形成比较稳定的配离子，其反应如下：

$$HInd^{2-} + Ca^{2+} \Longrightarrow CaInd^- + H^+$$

（纯蓝色）　　　　　（酒红色）

所以在钙标准溶液中加入钙指示剂时，溶液呈酒红色。当用 EDTA 溶液滴定时，由于 EDTA 能与 Ca^{2+} 形成比 $CaInd^-$ 配离子更稳定的配离子，因此在滴定终点附近，$CaInd^-$ 配离子不断转化为较稳定的 CaY^{2-} 配离子，而钙指示剂则被游离出来，使得溶液呈纯蓝色。其反应可表示如下：

$$CaInd^- + H_2Y^{2-} + OH^- \Longrightarrow CaY^{2-} + HInd^{2-} + H_2O$$

（酒红色）　　　　　　　　　　（无色）　　（纯蓝色）

用此法测定钙时，若有 Mg^{2+} 共存［在调节溶液酸度为 $pH \geqslant 12$ 时，Mg^{2+} 将形成 $Mg(OH)_2$ 沉淀］，Mg^{2+} 不仅不干扰钙的测定，而且终点比 Ca^{2+} 单独存在时更加敏锐。当 Ca^{2+}、Mg^{2+} 共存时，终点由酒红色到纯蓝色，当 Ca^{2+} 单独存在时则由酒红色到紫蓝色。所以测定单独存在的 Ca^{2+} 时，常常加入少量 Mg^{2+}。

3. 以硫酸铁铵 $NH_4Fe(SO_4)_2 \cdot 12H_2O$ 为基准物，磺基水杨酸为指示剂进行标定。

在 $pH = 1.3 \sim 2.0$ 时，Fe^{3+} 与磺基水杨酸指示剂的配合物呈紫红色，磺基水杨酸指示剂本身呈黄色，滴定到达终点时，溶液由紫红色变为亮黄色。

配位滴定中所用的水对纯度有较高要求，应不含 Fe^{3+}、Al^{3+}、Cu^{2+}、Ca^{2+}、Mg^{2+} 等杂质离子。

【仪器和试剂】

分析天平，托盘天平，酸式滴定管（50mL），试剂瓶（500mL），移液管（25mL），容量瓶（250mL），洗瓶，量筒（10mL、100mL），滴定台，洗耳球，锥形瓶（250mL），表面皿，玻璃棒，烧杯（100mL，250mL），干燥器。

基准试剂 $CaCO_3$，基准试剂 ZnO，纯 Zn，硫酸铁铵 $NH_4Fe(SO_4)_2 \cdot 12H_2O$（A.R.），

$Na_2H_2Y\cdot 2H_2O(s)$，$6mol\cdot L^{-1}$ HCl，（1:1）氨水，pH=10 的 NH_3-NH_4Cl 缓冲溶液，$100g\cdot L^{-1}$ NaOH，（1:1）H_2SO_4，镁溶液（溶解 $1g$ $MgSO_4\cdot 7H_2O$ 于水中，稀释至 200mL），$200g\cdot L^{-1}$ 六亚甲基四胺，0.2% 二甲酚橙指示剂，甲基红指示剂，铬黑 T 指示剂，钙指示剂，10% 磺基水杨酸指示剂。

【实验步骤】

1. $0.02mol\cdot L^{-1}$ EDTA 溶液的配制

在托盘天平上称取乙二胺四乙酸二钠 3.8g，溶解于 100~200mL 温水中，稀释至 500mL，如混浊应过滤。接着转入 500mL 细口瓶中，摇匀，备用。

2. 以金属 Zn 或 ZnO 为基准物标定 EDTA 溶液

（1）Zn^{2+} 标准溶液的配制

① 金属 Zn 为基准物（$0.02mol\cdot L^{-1}$ Zn^{2+} 标准溶液的配制）　用分析天平准确称取 0.3~0.4g 金属锌于 100mL 烧杯中，加入 10mL $6mol\cdot L^{-1}$ HCl 溶液，立即盖上表面皿，待锌完全溶解后，用少量蒸馏水冲洗表面皿和烧杯内壁，将溶液定量转入 250mL 容量瓶中，加蒸馏水稀释至刻度，摇匀。根据称取金属锌的质量，计算 Zn^{2+} 标准溶液的浓度。

② ZnO 为基准物（$0.02mol\cdot L^{-1}$ Zn^{2+} 标准溶液的配制）　用分析天平准确称取 0.4~0.5g ZnO（在 800~1000℃ 下灼烧 20min 以上）于 250mL 烧杯中，加几滴水润湿，盖上表面皿，从杯嘴逐滴加入 $6mol\cdot L^{-1}$ HCl 溶液，边滴加边摇匀至 ZnO 刚好全部溶解。用少量蒸馏水冲洗表面皿和烧杯内壁，将溶液定量转入 250mL 容量瓶中，加蒸馏水稀释至刻度，摇匀。根据称取 ZnO 的质量，计算 Zn^{2+} 标准溶液的浓度。

（2）EDTA 溶液浓度的标定

① 以铬黑 T 为指示剂进行标定　用移液管移取 25.00mL Zn^{2+} 标准溶液于 250mL 锥形瓶中，加甲基红指示剂一滴，滴加（1:1）氨水至溶液呈微黄色，再加约 25mL 蒸馏水，pH=10 的 NH_3-NH_4Cl 缓冲溶液 10mL，摇匀。加铬黑 T 指示剂 5 滴，用 EDTA 溶液滴定至溶液由紫红色变为纯蓝色，即为终点。然后根据 Zn 或 ZnO 的质量及 EDTA 溶液的用量计算 EDTA 溶液的准确浓度。

② 以二甲酚橙为指示剂进行标定　用移液管移取 25.00mL Zn^{2+} 标准溶液于 250mL 锥形瓶中，加约 30mL 蒸馏水，2~3 滴二甲酚橙指示剂，滴加（1:1）氨水至溶液由黄色刚变为橙色（不能多加），然后滴加 $200g\cdot L^{-1}$ 六亚甲基四胺至溶液呈稳定的紫红色后再多加 3mL[1]，用 EDTA 溶液滴定至溶液由紫红色变为亮黄色，即为终点。然后根据 Zn 或 ZnO 的质量及 EDTA 溶液的用量计算 EDTA 溶液的准确浓度。

3. 以 $CaCO_3$ 为基准物标定 EDTA 溶液

（1）$0.02mol\cdot L^{-1}$ Ca^{2+} 标准溶液的配制

将碳酸钙基准物置于称量瓶中，在 110℃ 干燥 2h，置于干燥器中，待冷却后用分析天平准确称取 0.5~0.6g 于 250mL 烧杯中，加几滴水润湿，盖上表面皿，从杯嘴逐滴加入（注意，为什么?[2]）数毫升（1:1）HCl 溶液（$6mol\cdot L^{-1}$），边滴加边摇匀至 $CaCO_3$ 刚好完全溶解。用少量蒸馏水把可能溅到表面皿上的溶液淋洗入烧杯中，加热近沸，待冷却后将溶液转入 250mL 容量瓶中，加蒸馏水稀释至刻度，摇匀。根据称取 $CaCO_3$ 的质量，计算 Ca^{2+} 标准溶液的浓度。

（2）EDTA 溶液浓度的标定

用移液管移取 25.00mL Ca^{2+} 标准溶液于 250mL 锥形瓶中，加入蒸馏水约 25mL、镁溶液 2mL，5mL 100g·L^{-1} NaOH 溶液及约 10mg（绿豆大小）钙指示剂，摇匀。用 EDTA 溶液滴定至溶液由红色变为蓝色，即为终点。然后根据 $CaCO_3$ 的质量及 EDTA 溶液的用量计算 EDTA 溶液的准确浓度。

4. 以硫酸铁铵 $NH_4Fe(SO_4)_2·12H_2O$ 为基准物标定 EDTA

（1）0.02mol·L^{-1} Fe^{3+} 标准溶液的配制

用分析天平准确称取约 2.4g $NH_4Fe(SO_4)_2·12H_2O$ 于 250mL 烧杯中，加入 10mL（1∶1）H_2SO_4 和少量蒸馏水溶解后，再将溶液定量转入 250mL 容量瓶中，加蒸馏水稀释至刻度，摇匀。根据称取 $NH_4Fe(SO_4)_2·12H_2O$ 的质量，计算 Fe^{3+} 标准溶液的浓度。

（2）EDTA 溶液浓度的标定（以磺基水杨酸作为指示剂）

用移液管移取 25.00mL Fe^{3+} 标准溶液于 250mL 锥形瓶中，加入蒸馏水 75mL，边振荡边逐滴加入（1∶1）氨水至刚出现沉淀时，再滴加 6mol·L^{-1} HCl 至沉淀刚消失。加 10 滴 10%磺基水杨酸指示剂，如果溶液的酸度已调节至 pH=1.3～2，溶液应呈紫红色。加热至 70～80℃，用 EDTA 溶液滴定至溶液由紫红色变为亮黄色，即为终点。然后根据 $NH_4Fe(SO_4)_2·12H_2O$ 的质量及 EDTA 溶液的用量计算 EDTA 溶液的准确浓度。

注释：

[1] 此处六亚甲基四胺用作缓冲剂。它在酸性溶液中能生成 $(CH_2)_6N_4H^+$，此共轭酸与过量的 $(CH_2)_6N_4$ 构成缓冲溶液，从而能使溶液的酸度稳定在 pH=5～6 范围内。实验过程中先加入氨水调节酸度是为了节约六亚甲基四胺，因为六亚甲基四胺很昂贵。

[2] 目的是为了防止反应过于剧烈而产生 CO_2 气泡，使 $CaCO_3$ 粉末飞溅造成损失。

【数据处理】

1. 以金属 Zn 为基准物标定 EDTA 溶液

试样编号		I	II	III
$m(Zn)/g$				
$c(Zn^{2+})/mol·L^{-1}$				
指示剂铬黑 T	$V(EDTA)/mL$			
	$c(EDTA)/mol·L^{-1}$			
	$\bar{c}(EDTA)/mol·L^{-1}$			
	相对平均偏差/%			
指示剂二甲酚橙	$V(EDTA)/mL$			
	$c(EDTA)/mol·L^{-1}$			
	$\bar{c}(EDTA)/mol·L^{-1}$			
	相对平均偏差/%			

$$c_{EDTA} = \frac{m_{Zn}}{M_{Zn}·V_{EDTA}} =$$

2. 以 CaCO₃ 为基准物标定 EDTA 溶液

试样编号		I	II	III
$m(CaCO_3)/g$				
$c(Ca^{2+})/mol \cdot L^{-1}$				
指示剂钙指示剂	$V(EDTA)/mL$			
	$c(EDTA)/mol \cdot L^{-1}$			
	$\bar{c}(EDTA)/mol \cdot L^{-1}$			
	相对平均偏差/%			

3. 以硫酸铁铵 NH₄Fe(SO₄)₂·12H₂O 为基准物标定 EDTA

试样编号		I	II	III
$m[NH_4Fe(SO_4)_2 \cdot 12H_2O]/g$				
$c(Fe^{3+})/mol \cdot L^{-1}$				
指示剂磺基水杨酸	$V(EDTA)/mL$			
	$c(EDTA)/mol \cdot L^{-1}$			
	$\bar{c}(EDTA)/mol \cdot L^{-1}$			
	相对平均偏差/%			

【注意事项】

1. 配位反应进行的速度较慢（不像酸碱反应能在瞬间完成），故滴定时加入 EDTA 溶液的速度不能太快，在室温低时，尤其要注意这点。特别是接近终点时，应逐滴加入，并充分摇匀。

2. 配位滴定中，加入指示剂的量是否恰当对于终点的观察十分重要，宜在实践中总结经验，加以掌握。

【思考题】

1. 为什么通常使用乙二胺四乙酸二钠盐配制 EDTA 标准溶液，而不用乙二胺四乙酸？

2. 以 HCl 溶液溶解 CaCO₃ 基准物时，操作时应注意些什么？

3. 以 ZnO 为基准物，以二甲酚橙为指示剂标定 EDTA 溶液浓度的原理是什么？溶液 pH 应控制在什么范围？若溶液为强酸性，应怎样调节？

4. 以 CaCO₃ 为基准物，以钙指示剂为指示剂标定 EDTA 溶液时，应控制溶液的酸度为多少？为什么？怎样控制？

5. 配位滴定法与酸碱滴定法相比，有哪些不同点？操作中应注意哪些问题？

实验九　自来水的总硬度及钙镁含量的测定

【实验目的】

1. 了解水的硬度的表示方法。

2. 掌握 EDTA 法测定水中钙、镁含量的基本原理和方法。

3. 正确判断铬黑 T 指示剂的滴定终点。

4. 掌握缓冲溶液的应用。

【实验原理】

1. 水硬度的表示法

自然水（自来水、河水、井水等）含有较多的钙盐、镁盐，它们的酸式碳酸盐遇热分解，析出沉淀，而使硬度除去，例如：

$$Ca(HCO_3)_2 \underline{\quad\quad} CaCO_3 \downarrow + H_2O + CO_2 \uparrow$$

这种硬度称为暂时硬度。钙、镁的其他盐类所形成的硬度遇热不会分解，称为永久硬度。

暂时硬度和永久硬度的总和称为水的总硬度。水的总硬度是就水中钙、镁的含量而言的。水的硬度的表示方法很多，各国采用的方法和单位也不甚一致。我国目前最常用的表示水的硬度的方法主要有两种。

（1）以度（°）表示　将测得的 Ca^{2+}、Mg^{2+} 折算成 CaO 的质量，以每升水含有 10mg CaO 为 1 度（°），此为德国度。一般将硬度小于 8°者称为软水，大于 16°者称为硬水，介于 8°～16°者叫中硬水。

（2）以水中 CaO 的含量表示　即相当于每升水中含有 CaO 的毫克数（$mg \cdot L^{-1}$）。这种表示方法较为方便。

2. 测定原理

水中钙、镁的总量决定水的总硬度，其中由于镁离子形成的硬度称为镁硬度，由于钙离子形成的硬度称为钙硬度。

水中 Ca^{2+}、Mg^{2+} 含量或总硬度常用配位滴定法测定（即 EDTA 滴定法）。在 pH = 10.0 的氨性缓冲溶液中，以铬黑 T（EBT）为指示剂，用 EDTA 标准溶液滴定水中 Ca^{2+}、Mg^{2+} 的总含量。

在上述条件下测定 Ca^{2+}、Mg^{2+} 含量时，EBT 指示终点的变色原理为：

$$M + EBT \underline{\quad\quad} M\text{-}EBT$$
$$\quad\text{（蓝色）}\quad\quad\quad\text{（酒红色）}$$

滴定前，Ca^{2+}、Mg^{2+}（以 M 表示）与 EBT 配位形成 M-EBT 配合物。

滴定开始到计量点前，溶液中游离的离子逐步被 EDTA 配位。达到计量点时，EDTA 夺取溶液中 M 而游离出指示剂 EBT，溶液从酒红色变为纯蓝色，从而指示终点达到。

$$M\text{-}EBT + EDTA \underline{\quad\quad} M\text{-}EDTA + EBT$$
$$\quad\text{（酒红色）}\quad\quad\quad\quad\quad\quad\text{（蓝色）}$$

钙硬度测定原理与总硬度测定原理相同，只是加入 NaOH 溶液至 pH = 12.0，使 Mg^{2+} 以 $Mg(OH)_2$ 沉淀形式被掩蔽，以钙指示剂指示终点。钙指示剂与 Ca^{2+} 形成酒红色配合物，当 EDTA 滴定 Ca^{2+} 时，使钙指示剂游离出来呈蓝色。因此滴定到达终点时，溶液由酒红色变为蓝色，测得 Ca^{2+} 的含量。从 Ca^{2+}、Mg^{2+} 的总含量中减去 Ca^{2+} 的含量，即可求得 Mg^{2+} 的含量。

根据下式计算水的硬度：

$$\text{水的总硬度}(mgCaO \cdot L^{-1}) = \frac{c(EDTA)V_1(EDTA)M_{CaO}}{V_{\text{水}}} \times 1000$$

$$\text{钙硬度}(mgCaO \cdot L^{-1}) = \frac{c(EDTA)V_2(EDTA)M_{CaO}}{V_{\text{水}}} \times 1000$$

$$镁硬度(mgCaO \cdot L^{-1}) = 总硬度 - 钙硬度$$

式中，V_1（EDTA）为滴定水的总硬度时，所耗用的 EDTA 体积，mL；V_2（EDTA）为滴定水的钙硬度时，所耗用的体积，mL；$V_水$为测定时所取水样的体积，mL。

【仪器和试剂】

50mL 酸式滴定管 1 支，200mL 容量瓶 1 只，10mL 和 50mL 移液管各 1 支，250mL 锥形瓶 2 只，100mL 烧杯 1 只，量筒等。

0.02mol·L^{-1} EDTA 溶液，2.5mol·L^{-1} NaOH 溶液，铬黑 T 指示剂（加 NaCl 按 1：100 研磨），0.5％铬黑 T 溶液（称取 0.5g 铬黑 T 溶于 100mL 酒精中），pH＝10.0 的氨缓冲溶液（将 20g NH$_4$Cl 溶解于少量水中，加入 100mL 浓氨水，用水稀释到 1L），钙红指示剂（加 NaCl 按 1：100 研磨）或 0.5％钙红指示剂溶液（0.5g 钙红溶于 100mL 酒精）。

【实验步骤】

1. 0.02mol·L^{-1} EDTA 标准溶液的标定

见实验八。

2. 水的总硬度的测定

准确吸取 100mL 水样于 250mL 的锥形瓶中，加三乙醇胺 3mL，再加入 5mL pH＝10.0 的氨缓冲溶液及 5 滴 0.5％铬黑 T 指示剂（或铬黑 T 少许）。用 EDTA 标准溶液滴定至溶液由酒红色变为纯蓝色，即为终点。记录所耗用的 EDTA 标准溶液体积，平行测定两次。计算以 CaO 计水的总硬度。

3. 钙和镁含量的测定。

用移液管吸取水样 100.00mL 于 250mL 锥形瓶中，加三乙醇胺溶液 3mL，再加 2.5 mol·L^{-1} NaOH 溶液 5mL、0.5％钙红指示剂溶液（或钙指示剂少许），用 EDTA 标准溶液滴定至溶液由酒红色到纯蓝色，即达终点，记下 EDTA 标准溶液的用量 V_2。按下式计算每升水中钙、镁的质量数。

$$\rho(Ca^{2+}) = \frac{c(EDTA)V_2 M(Ca^{2+})}{V(s)} \times 1000 (mg \cdot L^{-1})$$

$$\rho(Mg^{2+}) = \frac{c(EDTA)(V_1 - V_2)M(Mg^{2+})}{V(s)} \times 1000 (mg \cdot L^{-1})$$

【数据处理】

1. EDTA 溶液的标定

测　定　项　目	第一次	第二次
纯锌的质量/g		
EDTA 标准溶液的试剂消耗量/mL		
EDTA 标准溶液的浓度/mol·L^{-1}		
EDTA 标准溶液浓度的平均值/mol·L^{-1}		

2. 水样分析

测 定 项 目	第一次	第二次
水样的用量/mL		
EDTA 标准溶液试剂消耗量/mL		
水的总硬度（以 CaO 计）/mg·L^{-1}		
ρ（Ca^{2+}）/mg·L^{-1}		
ρ（Mg^{2+}）/mg·L^{-1}		

【注意事项】

1. 指示剂加的量要合适，加多颜色深，使变色不敏锐，加少颜色太浅，不好观察。

2. 滴定终点溶液颜色不是突变，而是酒红色—紫—蓝紫—纯蓝的渐变过程，而且过量后仍是纯蓝。所以临近终点时一定要慢滴，注意观察，最好有个对照，以此为准。

【思考题】

1. 用 EDTA 法怎样测定水的总硬度？

2. 配位滴定中为什么要加入缓冲溶液？

3. 如果对硬度测定中的数据要求保留两位有效数字，应如何量取 50mL 水样？

4. 用 EDTA 测定水的硬度时，哪些离子的存在有干扰？如何消除？

实验十　铁、铝混合液中铁、铝含量的连续测定

【实验目的】

1. 掌握配位滴定中返滴定的应用及结果的计算。

2. 熟悉控制酸度、用 EDTA 连续滴定多种金属离子的原理和方法。

3. 了解磺基水杨酸、PAN 指示剂的使用条件及终点颜色变化。

【实验原理】

铁、铝是重要的常见元素，在许多矿物、岩石及某些工业产品（例如：水、玻璃等）中常常是共存的，而且是主要的测定项目。

由于铁、铝都能与 EDTA 形成稳定的配合物，而且其稳定性又有相当大的差别，lgK_{FeY}＝25.1，lgK_{AlY}＝16.3，因此，可利用控制溶液酸度的办法在同一溶液中进行连续滴定来测定铁、铝的含量。

在 Fe^{3+}、Al^{3+} 混合液中，首先调节溶液的 pH 值为 2～2.5，以磺基水杨酸为指示剂，用 EDTA 标准溶液滴定 Fe^{3+}；然后定量加入过量的 EDTA 标准溶液，调节溶液的 pH 值为 4，煮沸，待 Al^{3+} 与 EDTA 配位反应完全后，用六亚甲基四胺调节溶液 pH 值为 5～6，以 PAN 作指示剂，用锌标准溶液滴定过量的 EDTA，从而分别求出 Fe^{3+}、Al^{3+} 的含量。

【仪器和试剂】

滴定分析仪器一套。

乙二胺四乙酸二钠固体，基准 ZnO 试剂，10％磺基水杨酸指示剂，0.2％ PAN 指示剂，20％六亚甲基四胺溶液，0.6mol·L^{-1}盐酸溶液，6mol·L^{-1}氨水溶液。

【实验步骤】

1. 0.02mol·L^{-1}锌标准溶液的制备

称取乙二胺四乙酸二钠盐____g（自行计算），溶于 300mL 烧杯中，加少量水溶解，可适当加热溶解后转入 250mL 试剂瓶中，稀释至 250mL，摇匀。此溶液冷至室温下使用。

准确移取 25.00mL 锌标准溶液于 250mL 锥形瓶中，用少量水稀释，加入 3 滴 PAN 指示剂。用六亚甲基四胺调节溶液呈稳定的红色，再过量 5mL。用 EDTA 标准溶液滴定至溶液由红色变为黄色时为终点。平行测定三次。

根据滴定中消耗 EDTA 溶液的体积和锌标准溶液的浓度，计算 EDTA 溶液的准确浓度。

2. 混合液中 Fe^{3+}、Al^{3+} 含量的测定

移取试样溶液 25.00mL 于 250mL 锥形瓶中，加 $6mol \cdot L^{-1}$ $NH_3 \cdot H_2O$ 和 $6mol \cdot L^{-1}$ HCl，调节试液的 pH 值为 2～2.5（用精密 pH 试纸检验）。加热至 70～80℃，加入 10 滴磺基水杨酸指示剂，这时溶液呈紫红色，用 $0.02mol \cdot L^{-1}$ EDTA 标准溶液滴定至溶液由紫红色变为黄色，即为终点。记下消耗 EDTA 溶液的体积。

在测定 Fe^{3+} 后的溶液中，准确加入 30.00mL EDTA 标准溶液，滴加六亚甲基四胺溶液至溶液 pH 值为 3.5～4，煮沸 2min，稍冷，用六亚甲基四胺溶液调节 pH 为 5～6，再过量 5mL。加入 6～8 滴 PAN 指示剂，用锌标准溶液滴定至溶液紫红色为终点，记下消耗锌标准溶液的体积。平行测定三次。根据滴定时消耗 EDTA 标准溶液的体积和锌标准溶液的体积，分别计算出混合液中 Fe^{3+} 和 Al^{3+} 的含量。

【数据处理】

（1）$0.02mol \cdot L^{-1}$ Zn^{2+} 准确浓度的计算。

（2）$0.02mol \cdot L^{-1}$ EDTA 准确浓度的计算。

（3）铁、铝含量的分别计算。

【注意事项】

1. 由于铁、铝易于水解，所以没有沉淀的铁、铝混合液，其酸度必然是比较高的，取多少毫升试液视 Fe^{3+} 含量而定。

2. Fe^{3+} 和 EDTA 的配位反应进行较慢，故最好加热，以加速反应。但加热温度不能太高，否则，Fe^{3+} 会形成氢氧化铁，使实验失败。滴定速度慢，溶液温度降得低，不利于配位，但是如果滴得太快，来不及配位，又容易滴过终点。较好的办法是开始滴得稍快（不能很快），至反应进行接近终点时放慢。

3. 用精密 pH 试纸检验溶液 pH 值时，为避免带出试液引起损失，可先在烧杯中用一份试液做调节试验，记下需要加入试剂的体积。正式测定时加入相同体积的试剂即可。

【思考题】

1. 配位滴定法测定 Al^{3+}，为什么采用返滴定法？

2. 说明磺基水杨酸和 PAN 指示剂使用的 pH 条件和终点颜色变化。

实验十一　胃舒平药品中铝和镁的测定

【实验目的】

1. 学习药剂测定的前处理方法。

2. 掌握沉淀分离的操作方法。

【实验原理】

　　胃病患者常服用的胃舒平药品主要成分为氢氧化铝、三硅酸镁及少量中药颠茄流浸膏，在制成片剂时还加了大量糊精等赋形剂，药片中铝和镁的含量可用 EDTA 配位滴定法测定。为此先溶解样品，分离去水不溶物质，然后分取试液加入过量的 EDTA 溶液，调节 pH＝4 左右，煮沸使 EDTA 与 Al^{3+} 配位完全，再以二甲酚橙为指示剂，用 Zn 标准溶液返滴过量的 EDTA，测出 Al^{3+} 含量。另取试液，调节 pH 值，将 Al^{3+} 沉淀分离后，于 pH＝10 的条件下以铬黑 T 为指示剂，用 EDTA 标准溶液滴定滤液中的 Mg^{2+}。

【仪器和试剂】

　　滴定分析仪器一套。

　　$0.02mol \cdot L^{-1}$ EDTA 标准溶液，$0.02mol \cdot L^{-1}$ Zn 标准溶液，0.2％二甲酚橙指示剂，20％六亚甲基四胺溶液，$6mol \cdot L^{-1}$ $NH_3 \cdot H_2O$ 溶液，三乙醇胺溶液（1：1），$NH_3 \cdot H_2O$-NH_4Cl 缓冲溶液，甲基红指示剂，铬黑 T 指示剂，NH_4Cl 固体。

【实验步骤】

　　1. 试样处理

　　称取胃舒平药片 10 片，研细后，从中准确称出药粉 1.6g 左右，加入 20mL $6mol \cdot L^{-1}$ HCl 溶液，加蒸馏水 100mL，煮沸。冷却后过滤，并以水洗涤沉淀，收集滤液及洗液于 250mL 容量瓶中，稀释至刻度，摇匀。

　　2. 铝的测定

　　准确吸取上述试液 10.00mL，加水至 25mL。滴加 $6mol \cdot L^{-1}$ $NH_3 \cdot H_2O$ 溶液至刚出现浑浊，再加 $6mol \cdot L^{-1}$ HCl 溶液至沉淀恰好溶解。

　　准确加入 EDTA 标准溶液 25.00mL，再加入 20％六亚甲基四胺溶液 10mL，煮沸 10min 并冷却后，加入二甲酚橙指示剂 2～3 滴，以锌标准溶液滴定至溶液由亮黄色转变为红紫色，即为终点。根据 EDTA 加入量与 Zn 标准溶液滴定体积，计算药片中 $Al(OH)_3$ 的含量。

　　3. 镁的测定

　　用移液管吸取试液 25.00mL，滴加 $6mol \cdot L^{-1}$ $NH_3 \cdot H_2O$ 溶液至刚出现沉淀，再加入 $6mol \cdot L^{-1}$ HCl 溶液至沉淀恰好溶解。加入固体 NH_4Cl 2g，滴加 20％六亚甲基四胺溶液至沉淀出现并过量 15mL。加热至 80℃，维持 10～15min，冷却后过滤，以少量蒸馏水洗涤沉淀数次。收集滤液与洗涤液于 250mL 锥形瓶中，加入三乙醇胺溶液 10mL、$NH_3 \cdot H_2O$-NH_4Cl 缓冲溶液 10mL、甲基红指示剂 1 滴、铬黑 T 指示剂少许，用 EDTA 标准溶液滴定至溶液由暗红色转变为蓝绿色，即为终点。计算药片中 MgO 的含量。

【数据处理】

　　1. $0.02mol \cdot L^{-1}$ EDTA 准确浓度的计算。

　　2. 胃舒平中镁含量的计算。

　　3. 胃舒平中铝含量的计算。

【注意事项】

　　1. 胃舒平药片试样中铝、镁含量可能不均匀，为使测定结果具有代表性，本实验取较多试样，研细后再取部分进行分析。

　　2. 试样结果表明，六亚甲基四胺溶液调节 pH 值以分离 $Al(OH)_3$，其结果比用氨水好，可以减少 $Al(OH)_3$ 沉淀对 Mg^{2+} 的吸附。

3. 测定镁时，加入甲基红 1 滴，能使终点更为敏锐。

【思考题】

1. 本实验为什么要称取大样溶解后再分取部分试样进行滴定？

2. 在控制一定的条件下能否用 EDTA 标准溶液直接滴定铝？

3. 在分离 Al^{3+} 后的滤液中测定 Mg^{2+}，为什么还要加入三乙醇胺溶液？

实验十二　可溶性硫酸盐中硫酸根的测定

【实验目的】

掌握 EDTA 间接测定 SO_4^{2-} 含量的原理和方法。

【实验原理】

SO_4^{2-} 不能直接与 EDTA 形成配位化合物，但若在试液中加入过量的已知准确浓度的 $BaCl_2$ 标准溶液，使 SO_4^{2-} 与 Ba^{2+} 作用生成白色 $BaSO_4$ 沉淀；然后在 pH＝10 条件下，以铬黑 T 为指示剂，用 EDTA 标准溶液返滴剩余的 Ba^{2+}，可间接计算出 SO_4^{2-} 的含量。

由于铬黑 T 指示剂与 Ba^{2+} 形成的配合物不够稳定，使终点颜色变化不明显（由浅紫红色变为浅蓝色），因此必须在滴至浅蓝色时准确加入少许已知量的 Mg^{2+} 标准溶液，再用 EDTA 标准溶液滴定至纯蓝色，即达终点。有关反应如下：

$$Ba^{2+}+SO_4^{2-} \Longrightarrow BaSO_4 \downarrow$$

$$Ba^{2+}+HIn^{2-} \Longrightarrow BaIn^- + H^+$$
$$\text{（浅蓝色）} \qquad \text{（浅红色）}$$

$$Ba^{2+}+H_2Y^{2-} \Longrightarrow BaY^{2-}+2H^+$$

$$BaIn^- + H_2Y^{2-} \Longrightarrow BaY^{2-}+HIn^{2-}+H^+$$
$$\text{（浅红色）} \qquad\qquad\qquad \text{（浅蓝色）}$$

$$Mg^{2+}+HIn^{2-} \Longrightarrow MgIn^- + H^+$$
$$\text{（蓝色）} \qquad\quad \text{（红色）}$$

$$MgIn^- + H_2Y^{2-} \Longrightarrow MgY^{2-}+HIn^{2-}+H^+$$
$$\text{（红色）} \qquad\qquad\qquad\quad \text{（蓝色）}$$

【仪器和试剂】

烧杯（250mL、400mL），锥形瓶（250mL），吸量管（5mL），容量瓶（100mL），移液管（25mL），量筒（10mL、50mL），酸式和碱式滴定管（50mL）。

镁标准溶液（$0.04000mol \cdot L^{-1}$），铬黑 T 指示剂，氨性缓冲溶液（pH＝10），EDTA 溶液（浓度约为 $0.05mol \cdot L^{-1}$），$BaCl_2 \cdot 2H_2O$（A.R.），HCl（$2mol \cdot L^{-1}$），$NH_3 \cdot H_2O$（$6mol \cdot L^{-1}$），Na_2SO_4 固体。

【实验内容】

1. $0.05mol \cdot L^{-1}$ $BaCl_2$ 标准溶液的配制和标定

称取 $BaCl_2 \cdot 2H_2O$ 约 3.1g 左右于 400mL 烧杯中，加适量蒸馏水溶解，然后稀释至 250mL，摇匀备用。用移液管取 25.00mL 配好的 $BaCl_2$ 于 250mL 锥形瓶中，加氨性缓冲溶液 5mL、铬黑 T 少许，用 $0.05mol \cdot L^{-1}$ EDTA 标准溶液滴定至浅蓝色，再加镁标准溶液 5.00mL，继续用 EDTA 标准溶液滴定至纯蓝色，即达终点。按下式计算 Ba^{2+} 的浓度。

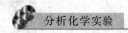

$$c(\mathrm{Ba^{2+}}) = \frac{c(\mathrm{EDTA})V(\mathrm{EDTA}) - c(\mathrm{Mg^{2+}})V(\mathrm{Mg^{2+}})}{V(\mathrm{Ba^{2+}})}$$

2. 硫酸盐中 SO_4^{2-} 的测定

准确称取约 $0.30 \sim 0.35\mathrm{g}$ 样品于 250mL 烧杯中，加适量蒸馏水溶解，然后转移至 100mL 容量瓶中定容，摇匀。

用移液管移取 25.00mL 上述样品溶液于 250mL 锥形瓶中，加 2mol·L^{-1} HCl 3～4 滴酸化，加热近沸，由碱式滴定管中准确加入 10.00mL 配制好的 $BaCl_2$ 标准溶液，煮沸数分钟，冷却后用 6mol·L^{-1} 氨水调节溶液 pH 值为 10，加氨性缓冲溶液 10mL，再由碱式滴定管中继续加入 $BaCl_2$ 标准溶液 15.00mL，再加铬黑 T 少许，用 EDTA 标准溶液滴定至溶液由浅红色变为浅蓝色。再加 Mg^{2+} 标准溶液 5.00mL，这时溶液又变为红色，继续用 EDTA 标准溶液滴定至纯蓝色，即达终点。计算 SO_4^{2-} 含量。

$$w(SO_4^{2-}) = \frac{[c(\mathrm{Ba^{2+}})V(\mathrm{Ba^{2+}}) + c(\mathrm{Mg^{2+}})V(\mathrm{Mg^{2+}}) - c(\mathrm{EDTA})V(\mathrm{EDTA})]M(SO_4^{2-})}{m} \times \frac{100.0\mathrm{mL}}{25.00\mathrm{mL}}$$

【思考题】

1. 样品溶液为什么要用盐酸酸化？又为什么要加热？

2. 为什么 $BaCl_2$ 标准溶液要分两次加入？

3. 用 EDTA 滴定剩余量 Ba^{2+} 时，为什么要加入 Mg^{2+} 标准溶液？

第六章 氧化还原滴定实验

实验十三 KMnO$_4$ 标准溶液的配制与标定

【实验目的】

1. 了解 KMnO$_4$ 标准溶液的配制方法和保存条件。

2. 掌握用 Na$_2$C$_2$O$_4$ 作基准物质，标定 KMnO$_4$ 标准溶液浓度的原理和方法。

【实验原理】

市售的 KMnO$_4$ 中含有少量的 MnO$_2$ 和其他杂质，如硫酸盐、氯化物及硝酸盐等。蒸馏水中也含有微量还原性物质，它们可与 KMnO$_4$ 反应而析出 MnO(OH)$_2$（MnO$_2$ 的水合物），产生 MnO$_2$ 和 Mn(OH)$_2$，又能进一步促进 KMnO$_4$ 分解，光线也能促进 KMnO$_4$ 分解。因此 KMnO$_4$ 标准溶液不能用直接法配制。

标定 KMnO$_4$ 溶液的基准物质有 Na$_2$C$_2$O$_4$、H$_2$C$_2$O$_4 \cdot 2$H$_2$O、（NH$_4$）$_2$Fe（SO$_4$）$_2 \cdot 6$H$_2$O、As$_2$O$_3$ 和纯铁丝等。其中 Na$_2$C$_2$O$_4$ 不含结晶水，容易提纯，没有吸湿性，是常用的基准物质。

在酸性溶液中，C$_2$O$_4^{2-}$ 与 MnO$_4^-$ 反应：

$$2MnO_4^- + 5C_2O_4^{2-} + 16H^+ == 2Mn^{2+} + 10CO_2 \uparrow + 8H_2O$$

此反应在室温下进行很慢，必须加热至 75～85℃，以加快反应的进行。但温度也不宜过高，否则容易引起草酸分解：

$$H_2C_2O_4 == H_2O + CO_2 \uparrow + CO \uparrow$$

滴定中，最初几滴 KMnO$_4$ 即使在加热情况下，与 C$_2$O$_4^{2-}$ 反应仍然很慢，当溶液中产生 Mn^{2+} 以后，Mn^{2+} 对反应有催化作用，反应速率才逐渐加快。

在滴定过程中，溶液必须保持一定的酸度，否则容易产生 MnO$_2$ 沉淀，引起误差。调节酸度必须用硫酸，因盐酸中 Cl$^-$ 有还原性，硝酸中 NO$_3^-$ 又有氧化性，醋酸酸性太弱，达不到所需要的酸度，所以都不适用。滴定时适宜的酸度约为 $c(H^+) = 1$mol$\cdot$L^{-1}。

由于 KMnO$_4$ 溶液本身具有特殊的紫红色，滴定时 KMnO$_4$ 溶液稍微过量，即可看到溶液呈微红色，示终点已到。故 KMnO$_4$ 称为自身指示剂。

【仪器和试剂】

台秤，电子天平，电炉，微孔玻璃漏斗（3 号），棕色试剂瓶。

KMnO$_4$ 固体，H$_2$SO$_4$ 溶液（3mol$\cdot$L^{-1}），Na$_2$C$_2$O$_4$（基准试剂，在 105～110℃ 干燥 2h，置于干燥器中备用）。

【实验步骤】

1. c(KMnO$_4$)$\approx$0.02mol$\cdot$L^{-1}标准溶液的配制

用台秤称取 KMnO$_4$ 固体约 1.6g 溶于 500mL 蒸馏水中，盖上表面皿，加热至沸并保持微沸状态 1h。冷却后，用微孔玻璃漏斗过滤，滤液贮存于棕色试剂瓶中。也可以将新配制的 $KMnO_4$ 溶液在室温下放置 7~10 天后过滤备用。

2. $KMnO_4$ 溶液的标定

在电子天平上，用减量法准确称取 $Na_2C_2O_4$ 0.15g 左右三份，分别置于 250mL 锥形瓶中，加蒸馏水 40mL 使之溶解。加入 $3mol \cdot L^{-1}$ H_2SO_4 溶液 10mL，加热至 75~85℃（见冒热气），趁热用 $KMnO_4$ 标准溶液滴定，刚开始反应较慢，滴入一滴 $KMnO_4$ 标准溶液摇动，待溶液褪色，再加第二滴 $KMnO_4$，随着反应速率的加快，滴定速度也可逐渐加快，但滴定中始终不能过快，尤其近等量点时，更要小心滴加，不断快速摇动。滴定至溶液呈现微红色并持续 0.5min 不褪色即为终点。

【数据处理】

记录项目	滴定编号	1	2	3
$m(Na_2C_2O_4)/g$				
$V(KMnO_4)/mL$				
$c(KMnO_4)/mol \cdot L^{-1}$				
平均值/$mol \cdot L^{-1}$				

$$c(KMnO_4) = \frac{m(Na_2C_2O_4)}{M(Na_2C_2O_4)} \times \frac{2}{5} \times \frac{1000}{V(KMnO_4)}$$

【注意事项】

1. 正确控制滴定过程中的滴定速度，滴定速度要和反应速率相一致，开始慢，逐渐加快（但不能过快，否则就会有 MnO_2 生成），近终点时滴定速度逐渐放慢。

2. 滴定近等量点时，溶液温度应不低于 55℃，否则因反应速率慢而影响终点的观察和准确度。

3. 加热时，锥形瓶外面要擦干，以防炸裂。

【思考题】

1. $KMnO_4$ 标准溶液为何不能直接配制？

2. 未经煮沸的 $KMnO_4$ 溶液为何要放置一周后才能标定？

3. 标定 $KMnO_4$ 溶液时，为什么第一滴 $KMnO_4$ 颜色褪色很慢，而以后会逐渐加快？

4. $KMnO_4$ 溶液的标定，为什么需在强酸性溶液中，并在加热的情况下进行？酸度过低对滴定有何影响？温度过高又有何影响？

实验十四　过氧化氢含量的测定

【实验目的】

掌握用高锰酸钾测定过氧化氢含量的原理和方法。

【实验原理】

市售的 H_2O_2（双氧水）一般为 30%，实验室中常装在塑料瓶内，置于暗处。在酸性介质中 $KMnO_4$ 与 H_2O_2 发生如下反应：

$$2MnO_4^- + 5H_2O_2 + 6H^+ == 2Mn^{2+} + 5O_2 \uparrow + 8H_2O$$

开始时反应速率慢，滴入第一滴不易褪色，待 Mn^{2+} 生成后，由于其自动催化作用，加快反应速率，故能顺利地滴定至终点。

过氧化氢含量通常用质量浓度（$g \cdot L^{-1}$）或质量分数（%）表示。

【仪器和试剂】

$KMnO_4$ 标准溶液（浓度约为 $0.02mol \cdot L^{-1}$），H_2O_2（约3%），H_2SO_4（$3mol \cdot L^{-1}$）。

【实验步骤】

1. $0.02mol \cdot L^{-1}$ $KMnO_4$ 标准溶液的配制

用实验十一中配制的 $KMnO_4$ 标准溶液。

2. H_2O_2 溶液的配制

用 10mL 移液管吸取 10.00mL 的 3% H_2O_2 于 100mL 容量瓶中，加水稀释至刻度，充分摇匀备用。

3. $KMnO_4$ 滴定 H_2O_2

准确吸取稀释后的 H_2O_2 溶液 10.00mL 于 250mL 锥形瓶中，加 $3mol \cdot L^{-1}$ H_2SO_4 10mL，再加入 30mL 水稀释，然后用 $KMnO_4$ 标准溶液滴定，缓慢滴定至溶液呈浅红色，0.5min 不褪色，停止滴定，记录 $KMnO_4$ 体积 V，平行实验三次。

【数据处理】

记　录　项　目	1	2	3
$V(KMnO_4)/mL$			
$\rho(H_2O_2)/g \cdot L^{-1}$			
平均值			

$$\rho(H_2O_2) = \frac{c(KMnO_4)V(KMnO_4) \times \frac{5}{2} M(H_2O_2)}{10.00} \times \frac{100}{10}$$

【注意事项】

1. 移取 $KMnO_4$ 溶液时，由于浓度较大，颜色较深，用带有划痕的移液管误差较小。

2. 正确控制滴定过程中的滴定速度，滴定速度要和反应速率相一致，开始慢，逐渐加快，近终点时滴定速度逐渐放慢。

【思考题】

1. $KMnO_4$ 法测定 H_2O_2 含量，为什么不需在加热条件下滴定？

2. 用 $KMnO_4$ 法测定 H_2O_2 含量时，能否用 HNO_3、HCl、HAc 调节酸度？

实验十五　水中化学耗氧量的测定（$KMnO_4$ 法）

【实验目的】

1. 初步了解环境分析的重要性及化学耗氧量（COD）的含义。

2. 掌握 $KMnO_4$ 法测定化学耗氧量的原理及方法。

【实验原理】

水中除含有 NO_2^-、S^{2-}、Fe^{2+} 等无机还原性物质外，还含有少量的有机物质。有机物质腐烂促使水中微生物繁殖，污染水质。

水中化学耗氧量（COD）的大小是水质污染程度的主要指标之一。COD 是指水体中易被强氧化剂氧化的还原性物质所消耗的氧化剂的量，用每升多少毫克 O_2 表示。

化学耗氧量的测定，一般情况下多采用酸性高锰酸钾法，此方法简便快速，适合于测定地面水、河水等污染不十分严重的水质。工业污水及生活污水中含有成分复杂的污染物时适宜用重铬酸钾法。本实验介绍酸性高锰酸钾法。

在酸性溶液中，加入过量的 $Na_2C_2O_4$ 溶液，使之与 $KMnO_4$ 充分反应，多余的 $C_2O_4^{2-}$ 再用 $KMnO_4$ 溶液回滴。反应式如下：

$$4KMnO_4 + 6H_2SO_4 + 5C \Longrightarrow 2K_2SO_4 + 4MnSO_4 + 5CO_2\uparrow + 6H_2O$$

$$2MnO_4^- + 5C_2O_4^{2-} + 16H^+ \Longrightarrow 2Mn^{2+} + 8H_2O + 10CO_2\uparrow$$

水样取后应立即进行分析。如需放置可加少量硫酸铜以抑制生物对有机物的分解。

【仪器和试剂】

$KMnO_4$ 标准溶液（约 $0.04mol\cdot L^{-1}$），$Na_2C_2O_4$ 标准溶液（约 $0.1mol\cdot L^{-1}$），H_2SO_4（$3mol\cdot L^{-1}$），水样。

【实验步骤】

1. $0.004mol\cdot L^{-1} KMnO_4$ 标准溶液的配制

用移液管移取 $0.04mol\cdot L^{-1}$ 左右的 $KMnO_4$ 溶液 $10.00mL$，放入 $100mL$ 容量瓶中，稀释定容。

2. $0.01mol\cdot L^{-1} Na_2C_2O_4$ 标准溶液的配制

用移液管移取 $0.1mol\cdot L^{-1}$ 左右的 $Na_2C_2O_4$ 溶液 $10.00mL$，放入 $100mL$ 容量瓶中，稀释定容。

3. 处理水样并滴定分析

用 $10mL$ 移液管准确移取水样 $10.00mL$ 于 $250mL$，锥形瓶中，加入已稀释的 $KMnO_4$ 溶液 $25.00mL$，加 $15mL$ $3mol\cdot L^{-1}$ H_2SO_4 溶液，加入一粒沸石，煮沸后保持微沸 $5min$，趁热加稀释后的 $Na_2C_2O_4$ 标准溶液 $25.00mL$，待褪色后用 $KMnO_4$ 滴定到浅红色，$30s$ 不褪色，即为终点，记录体积 V。

【数据处理】

记　录　项　目	1	2
$V(KMnO_4)/mL$		
$\rho(O_2)/mg\cdot L^{-1}$		
平均值		

$$\rho(O_2)(mg\cdot L^{-1}) = \frac{(25.00+V)c(KMnO_4)\times\frac{5}{2} - 25.00c(Na_2C_2O_4)}{10.00} \times 16 \times 10^3$$

【注意事项】

1. 加热前，应加入沸石，以防爆沸；锥形瓶外面要擦干，防止炸裂。

2. 溶液沸腾后，应改为小火，防止溶液烧干。

3. 滴定 $KMnO_4$ 时，溶液温度应不低于 $55℃$，否则因反应速率慢而影响终点的观察和准确度。

【思考题】

1. 水中化学耗氧量的测定有何意义？测定水中化学耗氧量有哪些方法？
2. 水中化学耗氧量的测定属于何种滴定方式？为何要采用这种方式测定？
3. 水样中氯离子含量高时，为什么对测定有干扰？

实验十六　高锰酸钾法测定饲料中钙的含量

【实验目的】

1. 掌握用 $KMnO_4$ 法测定钙的原理、步骤和操作技术。
2. 了解用沉淀分离法消除杂质的干扰。
3. 学会沉淀、过滤、洗涤和消化法处理样品的操作技术。

【实验原理】

利用 $KMnO_4$ 法测定钙的含量，只能采用间接法测定。将样品用酸处理成溶液，使 Ca^{2+} 溶解在溶液中。Ca^{2+} 在一定条件下与 $C_2O_4^{2-}$ 作用，形成白色 CaC_2O_4 沉淀。过滤洗涤后再将 CaC_2O_4 沉淀溶于热的稀 H_2SO_4 中。用 $KMnO_4$ 标准溶液滴定与 Ca^{2+} 1∶1 结合的 $C_2O_4^{2-}$ 含量。其反应式如下：

$$Ca^{2+}+C_2O_4^{2-}=\!\!=\!\!= CaC_2O_4\downarrow$$
$$CaC_2O_4+2H^+=\!\!=\!\!= Ca^{2+}+H_2C_2O_4$$
$$5H_2C_2O_4+2MnO_4^-+6H^+=\!\!=\!\!= 2Mn^{2+}+10CO_2\uparrow+8H_2O$$

沉淀 Ca^{2+} 时，为了得到易于过滤和洗涤的粗晶形沉淀，必须很好地控制沉淀的条件。通常是在含 Ca^{2+} 的酸性溶液中加入足够使 Ca^{2+} 沉淀完全的 $(NH_4)_2C_2O_4$ 沉淀剂。由于酸性溶液中 $C_2O_4^{2-}$ 大部分是以 $HC_2O_4^-$ 形式存在，这样会影响 CaC_2O_4 的生成。所以在加入沉淀剂后必须慢慢滴加氨水，使溶液中 H^+ 逐渐被中和，$C_2O_4^{2-}$ 浓度缓慢地增加，这样就易得到 CaC_2O_4 粗晶形沉淀。沉淀完毕，溶液 pH 值在 3.5～4.5，即可防止其他难溶性钙盐的生成，又不致使 CaC_2O_4 溶解度太大。加热半小时使沉淀陈化。过滤后，沉淀表面吸附的 $C_2O_4^{2-}$ 必须洗净，否则分析结果偏高。为了减少 CaC_2O_4 在洗涤时的损失，则先用稀 $(NH_4)_2C_2O_4$ 溶液洗涤，然后再用微热的蒸馏水洗到不含 $C_2O_4^{2-}$ 时为止。将洗净的 CaC_2O_4 沉淀溶解于稀 H_2SO_4 中，加热至 75～85℃，用 $KMnO_4$ 标准溶液滴定。

此法不仅适于测定饲料、牲畜体、畜产品等中的钙，也可以测定凡是能与 $C_2O_4^{2-}$ 定量地生成沉淀的金属离子，例如测定 Th^{4+} 和稀土元素等。

【仪器和试剂】

凯氏瓶（250mL），电炉，电子天平。

浓 H_2SO_4，H_2O_2（30%），氨水（1∶1），$(NH_4)_2C_2O_4$（5%），$(NH_4)_2C_2O_4$（0.1%），H_2SO_4（10%），甲基橙指示剂，$KMnO_4$ 标准溶液（约为 0.02mol·L^{-1}），$BaCl_2$（10%），风干饲料样品。

【实验步骤】

1. 饲料样品预处理

样品预处理常用消化法和灰化法两种。凡样品中含钙量高时用消化法为宜，含钙量低时用灰化法为宜。两种方法制备的溶液均可测定钙、磷、锰等元素。

本实验只对消化法做一介绍。

准确称取风干饲料样品 2g 左右，放入 250mL 凯氏瓶底部，加入浓 H_2SO_4 16mL，混匀润湿后慢慢加热至开始冒大量白烟，微沸约 5min，取下冷却（约 0.5min），逐滴加入 30% H_2O_2 约 1mL，继续加热微沸 2～5min，取下稍冷后，添加几滴 H_2O_2，再加热煮几分钟，稍冷。必要时再加少量 H_2O_2（用量逐次减少）消煮，直到消煮液完全清亮为止。最后要微沸 5min，以除尽 H_2O_2，冷却后转移到 250mL 容量瓶中，用蒸馏水多次冲洗凯氏瓶，一并放入容量瓶中，在室温下定容，放置澄清后使用。

2. 草酸钙的沉淀

用移液管准确吸取上述处理过的溶液 25.00mL，放入 250mL 烧杯中，加水稀至 50mL，沿玻璃棒加 5%（NH_4）$_2C_2O_4$ 溶液 20mL，加热到 75～85℃。再加入甲基橙指示剂 1 滴，在不断搅拌下，逐滴加入（1∶1）氨水至溶液由红色变为黄色，再过量数滴。检查沉淀是否完全，如沉淀不完全，继续加入（NH_4）$_2C_2O_4$ 溶液，至沉淀完全。继续加热 30min 或放置过夜以陈化沉淀使之形成 $Ca_2C_2O_4$ 粗晶形沉淀。

3. 沉淀的洗涤

用倾注法过滤及洗涤沉淀，先把沉淀与溶液放置一段时间，再将上层清液倾入漏斗中，让沉淀尽可能地留在烧杯内，以免沉淀堵塞滤纸小孔，清液倾注完毕后进行沉淀的洗涤。沉淀先用 0.1%（NH_4）$_2C_2O_4$ 溶液洗涤三次（每次用洗涤剂 10～15mL，用玻璃棒在烧杯中充分搅动沉淀，放置澄清，再倾泻过滤），用微热的蒸馏水洗至无 $C_2O_4^{2-}$（用 10% $BaCl_2$ 溶液检查滤液）为止。

4. 测定

将带有沉淀的烧杯放在上述过滤时用的漏斗下面，从漏斗上取下带有沉淀的滤纸放在烧杯中，并用少量 10% H_2SO_4 冲洗漏斗，洗涤液也收在烧杯中。加入 10% H_2SO_4 50mL 使 $Ca_2C_2O_4$ 沉淀溶解，将溶液稀释至约 100mL，加热溶液到 75～85℃，用 $KMnO_4$ 标准溶液滴定至溶液呈微红，30s 内不褪色为终点。记录消耗 $KMnO_4$ 的体积 V_1。

5. 空白试验

另取滤纸一张，放入 250mL 烧杯中，加入 10% H_2SO_4 溶液（其用量与溶解 $Ca_2C_2O_4$ 时相同体积），稀释至 100mL，加热溶液到 75～85℃，用 $KMnO_4$ 标准溶液滴定至微红色，30s 内不褪色为终点，记录消耗 $KMnO_4$ 的体积 V_2。

【数据处理】

记 录 项 目	1	2	3
$V(KMnO_4)$/mL			
$w(Ca)$			
平均值			

$$w(Ca) = \frac{c(KMnO_4)(V_1 - V_2) \times \dfrac{5}{2} \times \dfrac{M(Ca)}{1000}}{m \times \dfrac{25.00}{250.0}} \times 100\%$$

式中，m 为风干饲料样品质量，g。

【注意事项】

1. 过滤时，尽量将沉淀留在器皿中，否则沉淀移到滤纸上会把滤孔堵塞，影响过滤速度。

2. $KMnO_4$ 标准溶液不稳定，使用时注意浓度变化。

3. 本实验过程长、繁，为使测定结果准确，3 份沉淀的制作、过滤、洗涤及测定，都应在相同条件下平行操作。

【思考题】

1. 以本实验中 CaC_2O_4 沉淀的制作为例，说明晶形沉淀形成的条件是什么。

2. 为什么需先用很稀的 $(NH_4)_2C_2O_4$ 溶液来洗草酸钙沉淀，而后又需要用蒸馏水洗草酸钙沉淀？怎样证明草酸钙洗净了？

3. 本实验的结果偏高或偏低的主要因素有哪些？

4. 实验中为何要做空白试验？如不做，对实验结果有何影响？

实验十七　铁矿石中全铁含量的测定

【实验目的】

1. 学习矿石试样的酸溶解法。

2. 进一步掌握 $K_2Cr_2O_7$ 标准溶液的配制方法及使用。

3. 熟悉 $K_2Cr_2O_7$ 法测定铁矿石中铁的原理和操作步骤。

4. 对无汞定铁有所了解，增强环保意识。

5. 了解二苯胺磺酸钠指示剂的作用原理。

6. 掌握重铬酸钾法测定铁含量的基本原理和方法。

【实验原理】

铁矿石的种类很多，用于炼铁的主要有磁铁矿（Fe_3O_4）、赤铁矿（Fe_2O_3）和菱铁矿（$FeCO_3$）等。铁矿石试样经盐酸溶解后，其中的铁转化为 Fe^{3+}。在强酸性条件下，Fe^{3+} 可通过 $SnCl_2$ 还原为 Fe^{2+}。Sn^{2+} 将 Fe^{3+} 还原完毕后，甲基橙也可被 Sn^{2+} 还原成氢化甲基橙而褪色，因而甲基橙可指示 Fe^{3+} 还原终点。Sn^{2+} 还能继续使氢化甲基橙还原成 N,N-二甲基对苯二胺和对氨基苯磺酸钠。其反应式为：

$$(CH_3)_2NC_6H_4N{=\!=}NC_6H_4SO_3Na+2e^-+2H^+\longrightarrow (CH_3)_2NC_6H_4NH{-\!}NHC_6H_4SO_3Na$$

$$(CH_3)_2NC_6H_4NH{-\!}NHC_6H_4SO_3Na+2e^-+2H^+\longrightarrow$$

$$(CH_3)_2NC_6H_4NH_2+NH_2C_6H_4SO_3Na$$

所以略为过量的 Sn^{2+} 也被消除。由于这些反应是不可逆的，因此甲基橙的还原产物不消耗 $K_2Cr_2O_7$。

反应在 HCl 介质中进行，还原 Fe^{3+} 时 HCl 浓度以 $4mol\cdot L^{-1}$ 为好，大于 $6mol\cdot L^{-1}$ 时 Sn^{2+} 则先还原甲基橙为无色，使其无法指示 Fe^{3+} 的还原，同时 Cl^- 浓度过高也可能消耗 $K_2Cr_2O_7$，HCl 浓度低于 $2mol\cdot L^{-1}$ 则甲基橙褪色缓慢。反应完后，以二苯胺磺酸钠为指示剂，用 $K_2Cr_2O_7$ 标准溶液滴定至溶液呈紫色即为终点，主要反应式如下：

$$2FeCl_4^-+[SnCl_4]^{2-}+2Cl^-{=\!=\!=}[SnCl_6]^{2-}+2[FeCl_4]^{2-}$$

$$6Fe^{2+}+Cr_2O_7^{2-}+14H^+{=\!=\!=}6Fe^{3+}+2Cr^{3+}+7H_2O$$

滴定过程中生成的 Fe^{3+} 呈黄色，影响终点的观察，若在溶液中加入 H_3PO_4，H_3PO_4 与 Fe^{3+} 生成无色的 $Fe(HPO_4)_2^-$，可掩蔽 Fe^{3+}。同时由于 $Fe(HPO_4)_2^-$ 的生成，使得 Fe^{3+}/Fe^{2+} 电对的条件电位降低，滴定突跃增大，指示剂可在突跃范围内变色，从而减少滴定误差。

Cu^{2+}、As(V)、Ti(Ⅳ)、Mo(Ⅵ) 等离子存在时，可被 $SnCl_2$ 还原，同时又能被 $K_2Cr_2O_7$ 氧化，Sb(V) 和 Sb(Ⅲ) 也干扰铁的测定。

【仪器和试剂】

$SnCl_2$（10%溶液），$SnCl_2$（5%溶液），HCl（浓），硫酸-磷酸混酸，H_3PO_4（85%），H_2SO_4（3mol·L^{-1}），甲基橙溶液（0.1%水溶液），二苯胺磺酸钠（0.2%水溶液），$K_2Cr_2O_7$ 标准溶液（0.008mol·L^{-1}），硫酸亚铁铵或硫酸亚铁固体，砂浴锅。

【实验步骤】

1. 铁矿石中全铁含量的测定

准确称取铁矿石粉 1.0～1.2g 于 250mL 烧杯中，用少量水润湿后，加 20mL 浓 HCl，盖上表面皿，在通风柜中低温分解试样（可在砂浴上加热 20～30min，并不时摇动，避免沸腾），若有带色不溶残渣，可滴加 10% $SnCl_2$ 溶液 20～30 滴助溶，试样分解完全时，剩余残渣应为白色（SiO_2）或非常接近白色，此时可用少量水吹洗表面皿及烧杯内壁，冷却后将溶液转移到 250mL 容量瓶中，加水稀释至刻度，摇匀。

移取样品溶液 25.00mL 于 250mL 锥形瓶中，加 8mL 浓 HCl，加热至接近沸腾，加入 6 滴甲基橙，趁热边摇动锥形瓶边慢慢滴加 10% $SnCl_2$ 溶液还原 Fe^{3+}，溶液由橙红色变为红色，再慢慢滴加 5% $SnCl_2$ 至溶液变为淡粉色，若摇动后粉色褪去，说明 $SnCl_2$ 已过量，可补加 1 滴甲基橙，以除去稍微过量的 $SnCl_2$，此时溶液如呈浅粉色最好，不影响滴定终点，$SnCl_2$ 切不可过量。然后，迅速用流水冷却，加蒸馏水 50mL，硫磷混酸 20mL，二苯胺磺酸钠 4 滴，并立即用 $K_2Cr_2O_7$ 标准溶液滴定至出现稳定的紫红色为终点。平行测定三次，计算试样中 Fe 的含量。

2. 铁盐（硫酸亚铁铵或硫酸亚铁）中铁含量的测定

准确称取硫酸亚铁铵或硫酸亚铁约 2.5～4g，置于 100mL 烧杯中，加 10mL 3mol·L^{-1} H_2SO_4，再加蒸馏水 30mL，搅动使之完全溶解，定量转入 100mL 容量瓶中，加蒸馏水定容至刻度，摇匀待测。

用移液管吸取上述待测液 25.00mL 于 250mL 锥形瓶中，加蒸馏水 30mL，加 5mL 3mol·L^{-1} H_2SO_4，3mL 85%磷酸，加二苯胺磺酸钠指示剂 5～6 滴，以 $K_2Cr_2O_7$ 标准溶液滴定至溶液由绿色突变为紫色或紫蓝色即为终点。记录 $K_2Cr_2O_7$ 标准溶液所消耗的体积。平行滴定 2～3 份，计算铁的质量分数。

【数据处理】

记 录 项 目	1	2	3
$V(K_2Cr_2O_7)$/mL			
w(Fe)			
平均值			

$$w(\text{Fe}) = \frac{c(K_2Cr_2O_7)V(K_2Cr_2O_7) \times 6M(\text{Fe})}{m} \times 10 \times 100\%$$

【注意事项】

1. 用 $SnCl_2$ 还原 Fe^{3+} 时，溶液温度不能太低。

2. 二苯胺磺酸钠不能多加。

3. 加入硫磷混酸后，应立即滴定。

4. 若硫酸盐试样难以分解时，可加入少许氟化物助溶，但此时不能用玻璃器皿分解试样。

5. 如刚加入 $SnCl_2$ 红色立即褪去，说明 $SnCl_2$ 已经过量，可补加 1 滴甲基橙，以除去稍微过量的 $SnCl_2$，此时溶液若呈现浅粉色，表明 $SnCl_2$ 已不过量。

【思考题】

1. 分解铁矿石时，为什么要在低温下进行？如果加热至沸会对结果产生什么影响？

2. 用 $SnCl_2$ 还原 Fe^{3+} 时，为何要在加热条件下进行？加入的 $SnCl_2$ 量不足或过量会给测试结果带来什么影响？

3. $SnCl_2$ 还原 Fe^{3+} 的条件是什么？怎样控制 $SnCl_2$ 不过量？

4. $K_2Cr_2O_7$ 法测定铁矿石中的铁时，滴定前为什么要加入 H_3PO_4？加入 H_3PO_4 后为何要立即滴定？

5. 本实验中甲基橙起什么作用？

实验十八　碘和硫代硫酸钠标准溶液的配制与标定

【实验目的】

1. 掌握碘单质溶液的配制及标定。

2. 掌握 $Na_2S_2O_3$ 标准溶液配制及标定。

【实验原理】

用升华法制得的纯 I_2，可以直接法配制成 I_2 的标准溶液，但是由于 I_2 易挥发，难以准确称取，所以一般仍采用间接法配制。I_2 在水中的溶解度很小（20℃为 1.33×10^{-3} mol·L^{-1}），先将一定的 I_2 溶于过量的 KI 溶液中，稀释至一定的体积。溶液贮存于棕色试剂瓶中，放置暗处保存。I_2 液具有腐蚀性，贮存和使用碘液时，应避免与橡皮塞和橡皮管接触。

I_2 溶液的标准浓度常用 As_2O_3 基准物质标定，也可用已标定好的 $Na_2S_2O_3$ 溶液标定。As_2O_3（俗称砒霜，剧毒，操作时需十分小心）难溶于水，易溶于碱性溶液中，生成亚砷酸盐，其反应为：

$$As_2O_3 + 6OH^- \rule[0.5ex]{1.5em}{0.4pt} 2AsO_3^{3-} + 3H_2O$$

以 $NaHCO_3$ 调节溶液 pH＝8，再用 I_2 溶液滴定 AsO_3^{3-}，其反应为：

$$AsO_3^{3-} + I_2 + H_2O \rule[0.5ex]{1.5em}{0.4pt} AsO_4^{3-} + 2I^- + 2H^+$$

此反应是可逆的，在中性或微碱性溶液中，反应能定量地向右进行；在酸性溶液中，AsO_4^{3-} 氧化 I^- 而析出 I_2。

标定 $Na_2S_2O_3$ 溶液的基准物质有 $KBrO_3$、$K_2Cr_2O_7$、Cu^{2+} 等。标定操作采用滴定碘法，即在弱酸性溶液中，氧化剂与 I^- 作用析出 I_2：

$$BrO_3^- + 6I^- + 6H^+ \rule[0.5ex]{1.5em}{0.4pt} 3I_2 + Br^- + 3H_2O$$

$$Cr_2O_7^{2-} + 6I^- + 14H^+ \rule[0.5ex]{1.5em}{0.4pt} 2Cr^{3+} + 3I_2 + 7H_2O$$

$$2Cu^{2+} + 4I^- \rule[0.5ex]{1.5em}{0.4pt} 2CuI\downarrow + I_2$$

析出的 I_2 用 $Na_2S_2O_3$ 溶液滴定：

$$I_2 + 2S_2O_3^{2-} \rule[0.5ex]{1.5em}{0.4pt} 2I^- + S_4O_6^{2-}$$

【仪器和试剂】

I_2 单质，As_2O_3 基准物质，$Na_2S_2O_3$（$0.1mol \cdot L^{-1}$），$Na_2CO_3(s)$，$K_2Cr_2O_7$（$0.02mol \cdot L^{-1}$），KI（20%），淀粉（0.5%），盐酸（1：1），H_2O_2（30%），氨水（1：1），醋酸（1：1），NH_4HF_2（20%），NH_4SCN（10%）。

【实验步骤】

1. I_2 溶液（$0.005mol \cdot L^{-1}$）的配制与标定

（1）配制　称取 3.3g I_2 和 5g KI，置于研钵中（通风橱中操作），加入少量水研磨，待 I_2 全部溶解后，将溶液转入棕色试剂瓶中。加水稀释至 250mL，充分摇匀，放暗处保存，作为碘储备液。准确移取碘储备液 10.00mL 于 100mL 容量瓶，定容。

（2）标定　准确称取 As_2O_3 1.1～1.4g，置于 100mL 烧杯中，加 10mL $6mol \cdot L^{-1}$ NaOH 溶液，温热溶解，然后滴加 2 滴酚酞指示剂，用 $6mol \cdot L^{-1}$ HCl 溶液中和至刚好无色，然后加入 2～3g 的 $NaHCO_3$，搅拌使之溶解。定量转移至 250mL 容量瓶中，加水稀释至刻度，摇匀。移取 25.00mL 置于 250mL 锥形瓶中，加 50mL 水、5g 的 $NaHCO_3$、2mL 淀粉指示剂，用 I_2 溶液滴定至稳定的蓝色 0.5min 不消失即为终点。平行测定 3 次，记录数据。计算公式：

$$c(I_2) = \frac{2m(As_2O_3)}{M(As_2O_3)V(I_2)} \times 1000$$

2. $Na_2S_2O_3$ 的配制与标定

（1）配制　称取 25g $Na_2S_2O_3 \cdot 5H_2O$ 于烧杯中，加入 300～500mL 新煮沸经冷却的蒸馏水，溶解后，加入约 0.1g Na_2CO_3，用新煮沸且冷却的蒸馏水稀释至 1L，贮存于棕色试剂瓶中，在暗处放置 3～5 天后，作为 $Na_2S_2O_3$ 储备液（即得浓度为 $0.1mol \cdot L^{-1}$，可在其中加入少量的三氯甲烷），待标定。

（2）标定

① 用 $K_2Cr_2O_7$ 标准溶液标定

$0.017mol \cdot L^{-1}$ 标准溶液的配制：将 $K_2Cr_2O_7$ 基准物质在 150～180℃ 干燥 2h，置于干燥器中冷却至室温，备用。准确称取 0.13g 左右的 $K_2Cr_2O_7$ 于小烧杯中，加水溶解，定量转移至 250mL 容量瓶中，加水稀释至刻度，摇匀。

$Na_2S_2O_3$ 溶液的标定：准确移取 25.00mL $K_2Cr_2O_7$ 标准溶液于锥形瓶中，加入 5mL $6mol \cdot L^{-1}$ HCl 溶液，5mL 20% KI 溶液（或 10mL 10% KI 溶液），摇匀放在暗处 5min，待反应完全后，加入 100mL 蒸馏水，用待标定的 $Na_2S_2O_3$ 溶液滴定至淡黄色，然后加入 2mL 淀粉指示剂，继续滴定至溶液呈现亮绿色为终点。计算 $Na_2S_2O_3$ 的浓度。计算公式：

$$c(Na_2S_2O_3) = \frac{c(K_2Cr_2O_7) \times 6 \times 25.00}{V(Na_2S_2O_3)}$$

② 纯铜标定 $Na_2S_2O_3$ 溶液　准确称取 0.2g 左右纯铜，置于 250mL 烧杯中，加入约 10mL（1：1）盐酸，在摇动下逐滴加入 2～3mL 30% H_2O_2（不要太多），至金属铜分解完全。加热，将多余的 H_2O_2 分解赶尽，然后定量转移到 250mL 容量瓶中，定容摇匀即可。

准确移取 25.00mL 纯铜溶液于 250mL 锥形瓶中，滴加氨水（1：1）至沉淀刚刚生成，然后加入 8mL 醋酸（1：1）、10mL NH_4HF_2、10mL KI 溶液，用 $Na_2S_2O_3$ 溶液滴定至淡黄色，再加入 3mL 淀粉指示剂，继续滴定至浅蓝色。再加入 10mL NH_4SCN 溶液，继续滴定至溶液的蓝色消失即为终点，记下所消耗的 $Na_2S_2O_3$ 溶液的体积，计算 $Na_2S_2O_3$ 溶液的浓度。计算公式：

$$c(\mathrm{Na_2S_2O_3}) = \frac{m(\mathrm{Cu})}{M(\mathrm{Cu}) \times 10V(\mathrm{Na_2S_2O_3})}$$

③ 用 $\mathrm{KIO_3}$ 基准物质标定　$0.017\mathrm{mol \cdot L^{-1}}$ 溶液的配制：准确称取 $0.9\mathrm{g}$ 左右 $\mathrm{KIO_3}$ 于烧杯中，加水溶解后，定量转入 $250\mathrm{mL}$ 容量瓶中，加水稀释至刻度，摇匀。吸取 $25.00\mathrm{mL}$ $\mathrm{KIO_3}$ 标准溶液，置于 $250\mathrm{mL}$ 锥形瓶中，加入 $20\mathrm{mL}$ KI 溶液、$5\mathrm{mL}$ $1\mathrm{mol \cdot L^{-1}}$ $\mathrm{H_2SO_4}$，加水稀释至约 $100\mathrm{mL}$，立即用待标定的 $\mathrm{Na_2S_2O_3}$ 滴定至浅黄色，加入 $5\mathrm{mL}$ 淀粉溶液，继续滴定，由蓝色变为无色即为终点。

$$c(\mathrm{Na_2S_2O_3}) = \frac{m(\mathrm{KIO_3})}{M(\mathrm{KIO_3}) \times 10V(\mathrm{Na_2S_2O_3})}$$

【数据处理】

记录项目	1	2	3
V/mL			
c			
平均值			

【注意事项】

$\mathrm{As_2O_3}$ 为剧毒药品，应严格管理。

【思考题】

1. 配制 $\mathrm{I_2}$ 溶液时加入 KI 的目的是什么？

2. 标定 $\mathrm{I_2}$ 溶液时为什么要加入 $\mathrm{NaHCO_3}$？

实验十九　果汁中抗坏血酸含量的测定
（直接碘量法）

【实验目的】

1. 掌握碘标准溶液的配制及标定。

2. 了解直接碘量法测定抗坏血酸的原理及测定。

【实验原理】

抗坏血酸又称维生素 C（Vc），分子式为 $\mathrm{C_6H_8O_6}$，由于分子中烯二醇基的还原性，能被 $\mathrm{I_2}$ 氧化成二酮基：

抗坏血酸　　脱氢抗坏血酸

维生素 C 的半反应式为：$C_6H_8O_6 \longrightarrow C_6H_6O_6 + 2H^+ + 2e^-$　　　$E \approx +0.18V$

1mol 的维生素 C 与 1mol 的 I_2 定量反应，维生素 C 的摩尔质量为 176.12g·mol^{-1}。该反应可以用于测定药片、注射液、果蔬、果汁中的维生素 C 含量。

由于维生素 C 的还原性很强，在空气中极易被氧化，尤其是在碱性介质中，测定时加入醋酸使溶液呈弱酸性，减少维生素 C 的副反应。

【仪器和试剂】

I_2 溶液（0.005mol·L^{-1}），$Na_2S_2O_3$ 溶液（0.1mol·L^{-1}），果汁（市售），淀粉（5%），HAc（2mol·L^{-1}）。

【实验步骤】

1. I_2 溶液的配制与标定

实验十八所得。

2. $Na_2S_2O_3$ 的配制与标定（0.01mol·L^{-1}）

将实验十八所得的溶液稀释十倍即得。

3. 准确移取果汁 25.00mL 或者 50.00mL（根据含量的多少而定）于 250mL 锥形瓶中，立即加入 10mL 醋酸，加入 2mL 淀粉指示剂，立即用 I_2 标准溶液滴定至呈现稳定的蓝色即可。平行测定三次。

【数据处理】

记 录 项 目	1	2	3
$V(I_2)$/mL			
$\rho(V_C)$/g·L^{-1}			
平均值			

$$\rho(V_C) = \frac{c(I_2)V(I_2) \times 2M(V_C)}{V_{样}}$$

【注意事项】

1. 果汁或者果浆滴定前加入一定量的醋酸。
2. 由于橙汁颜色较浓，所以采用颜色较浅的蜜桃汁结果更好。

【思考题】

果汁滴定时为什么要加入一定量的醋酸？

实验二十　碘量法测定铜合金中的铜

【实验目的】

1. 学习铜合金试样的分解方法。
2. 了解间接碘量法测定铜的原理。
3. 掌握以碘量法测定铜的操作过程。

【实验原理】

铜合金（copper alloy）是以纯铜为基体，加入一种或几种其他元素所构成的合金。纯铜呈紫红色，又称紫铜。纯铜密度为 8.96g·cm^{-3}，熔点为 1083℃，具有优良的导电性、导热性、延展性和耐蚀性，主要用于制作发电机、母线、电缆、开关装置、变压器等电工器材和热交换器、管道、太阳能加热装置的平板集热器等导热器材。常用的铜合金分为黄铜、青铜、白铜 3 大类。

胆矾（$CuSO_4·5H_2O$）是农药波尔多液的主要原料。胆矾中或铜合金中的铜含量常用间接碘量法进行测定。

在弱酸性溶液中，Cu^{2+} 可被过量的 KI 还原为 CuI，同时析出 I_2，反应式如下：

$$2Cu^{2+} + 4I^- == 2CuI\downarrow + I_2$$

这是一个可逆反应，由于 CuI 溶解度比较小，在有过量的 KI 存在时，反应定量地向右进行，析出的 I_2 用 $Na_2S_2O_3$ 标准溶液滴定，以淀粉为指示剂，间接测得铜的含量。

$$I_2 + 2S_2O_3^{2-} == 2I^- + S_4O_6^{2-}$$

由于 CuI 沉淀表面会吸附一些 I_2 使滴定终点不明显，并影响准确度，故在接近化学计量点时，加入少量 KSCN，使 CuI 沉淀转变成 CuSCN，因 CuSCN 的溶解度比 CuI 小得多 $[K_{sp}(CuI)=1.1×10^{-10}，K_{sp}(CuSCN)=1.1×10^{-14}]$，能使被吸附的 I_2 从沉淀表面置换出来，使反应更为完全。

$$CuI + SCN^- == CuSCN + I^-$$

KSCN 应在接近终点时加入，否则 SCN^- 会还原大量存在的 I_2，致使结果偏低。溶液的 pH 一般控制在 3.0～4.0。酸度过低，Cu^{2+} 易水解，使反应不完全，结果偏低，而且反应速率慢，终点拖长；酸度过高，则 I^- 被空气氧化为 I_2（Cu^{2+} 催化此反应），使结果偏高。

Fe^{2+} 能氧化 I^-，对测定有干扰，但可加入 NH_4HF_2 掩蔽。NH_4HF_2 是一种很好的缓冲溶液，能使 pH 控制在 3.0～4.0 之间。

【仪器和试剂】

KI(20%，10%)，$Na_2S_2O_3$ 溶液（0.1mol·L^{-1}），淀粉溶液（0.5%），NH_4SCN 溶液（100g·L^{-1}），H_2O_2 30%（原装），H_2SO_4（1mol·L^{-1}），HCl(1:1)，HAc(1:1)，氨水（1:1），NH_4HF_2(20%)，黄铜，饱和 NaF 溶液，10% KSCN 溶液。

【实验步骤】

1. $Na_2S_2O_3$ 溶液的标定

参照实验十八，最好用纯铜标定。

2. 铜合金中铜含量的测定

准确称取黄铜试样（质量分数为 80%～90%）0.10～0.15g，置于 250mL 锥形瓶中，加入约 10mL（1:1）HCl，在摇动下逐滴加入 2～3mL H_2O_2 至试样分解完全（H_2O_2 不应太多量），加热，将多余的 H_2O_2 分解赶尽，再煮沸 1～2min。冷却后，加水 60mL，滴加氨水（1:1）至刚刚有稳定的沉淀出现，然后加入 8mL HAc（1:1）、10mL NH_4HF_2 溶液、10mL KI 溶液，用 0.1mol·L^{-1} $Na_2S_2O_3$ 溶液滴定至呈淡黄色，再加入 3mL 0.5% 淀粉溶液，继续滴定至浅蓝色，再加入 10mL NH_4SCN，继续滴定至溶液的蓝色消失即为终点，记下所消耗的 $Na_2S_2O_3$ 溶液的体积，平行 3 次，计算铜含量。

3. 胆矾中铜的测定

准确称取 2.2～2.6g 胆矾试样，置于 250mL 烧杯中，加入 10mL 1mol·L^{-1} H_2SO_4 溶液，25mL 水溶解后，定量地转入 100mL 容量瓶中定容，摇匀。吸取 25.00mL 上述溶液于锥形瓶中，加 30mL 水，10mL 饱和 NaF 溶液及 10mL 10% KI 溶液，用 $Na_2S_2O_3$ 标准溶液

滴定至浅黄色，加 5mL 淀粉指示剂继续滴定至浅蓝色，再加 10mL 10％ KSCN 溶液，继续滴定至蓝色刚刚消失即为终点。记录 $Na_2S_2O_3$ 标准溶液的体积，平行滴定 2～3 份。计算试样中铜的质量分数。

【数据处理】

记 录 项 目	1	2	3
$V(Na_2S_2O_3)/mL$			
$w(Cu)$			
平均值			

$$w(Cu) = \frac{c(Na_2S_2O_3)V(Na_2S_2O_3)M(Cu)}{m} \times 100\%$$

【注意事项】

1. 试样溶解完全后，应尽量赶走多余的 H_2O_2，但不能出现黑色 CuO 沉淀。

2. 淀粉溶液必须在接近终点时加入，否则会吸附 I_2 分子，影响测定。但是试样中 Pb^{2+} 存在影响观察终点，要在加入 NH_4SCN 后滴定到黄色稍浅一点，就加入指示剂，否则淀粉加进去后没有蓝色出现，已过终点。

3. 假如试样中含有铁，铁（三价）也可与碘化钾作用析出碘，使结果偏高。加入氟氢化铵（NH_4HF_2），使铁生成不与碘化钾作用的 $[FeF_6]^{3-}$，以消除干扰。氟氢化铵同时起到缓冲剂的作用，调节 pH 为 3.3～4。

【思考题】

1. 硫代硫酸钠能否做基准物质？如何配制 $Na_2S_2O_3$ 溶液？能否先将硫代硫酸钠溶于水再煮沸？为什么？

2. 用 $K_2Cr_2O_7$ 标定 $Na_2S_2O_3$ 时为什么加入碘化钾？为什么在暗处放 5min？滴定时为何要稀释？

3. 碘量法测铜时为何 pH 必须维持在 3～4 之间？过低或过高有什么影响？

第七章　沉淀滴定与重量分析实验

实验二十一　二水合氯化钡中钡含量的测定

（硫酸钡晶形沉淀重量分析法）

【实验目的】

1. 了解测定 $BaCl_2 \cdot 2H_2O$ 中钡含量的原理和方法。
2. 掌握晶形沉淀的制备、过滤、洗涤、灼烧及恒重等的基本操作技术。

【实验原理】

$BaSO_4$ 重量法既可用于测定 Ba^{2+}，也可用于测定 SO_4^{2-} 的含量。

称取一定量 $BaCl_2 \cdot 2H_2O$，用水溶解，加稀 HCl 溶液酸化，加热至微沸，在不断搅动下慢慢地加入稀、热的 H_2SO_4，Ba^{2+} 与 SO_4^{2-} 反应，形成晶形沉淀。沉淀经陈化、过滤、洗涤、烘干、炭化、灰化、灼烧后，以 $BaSO_4$ 形式称量，可求出 $BaCl_2 \cdot 2H_2O$ 中 Ba 的含量。

Ba^{2+} 可生成一系列微溶化合物，如 $BaCO_3$、BaC_2O_4、$BaCrO_4$、$BaHPO_4$、$BaSO_4$ 等，其中以 $BaSO_4$ 溶解度最小，100mL 溶液中，100℃时溶解 0.4mg，25℃时仅溶解 0.25mg。当过量沉淀剂存在时，溶解度大为减小，一般可以忽略不计。

硫酸钡重量法一般在 $0.05mol \cdot L^{-1}$ 左右盐酸介质中进行沉淀，它是为了防止产生 $BaCO_3$、$BaHPO_4$、$BaHAsO_4$ 沉淀以及防止生成 $Ba(OH)_2$ 共沉淀。同时，适当提高酸度，增加 $BaSO_4$ 在沉淀过程中的溶解度，以降低其相对过饱和度，有利于获得较好的晶形沉淀。

用 $BaSO_4$ 重量法测定 Ba^{2+} 时，一般用稀 H_2SO_4 作沉淀剂。为了使 $BaSO_4$ 沉淀完全，H_2SO_4 必须过量。由于 H_2SO_4 在高温下可挥发除去，故沉淀带下的 H_2SO_4 不致引起误差，因此沉淀剂可过量 50%～100%。如果用 $BaSO_4$ 重量法测定 SO_4^{2-}，沉淀剂 $BaCl_2$ 只允许过量 20%～30%，因为 $BaCl_2$ 灼烧时不易挥发除去。

$PbSO_4$、$SrSO_4$ 的溶解度均较小，Pb^{2+}、Sr^{2+} 对钡的测定有干扰。NO_3^-、ClO_3^-、Cl^- 等阴离子和 K^+、Na^+、Ca^{2+}、Fe^{3+} 等阳离子均可以引起共沉淀现象，故应严格掌握沉淀条件，减少共沉淀现象，以获得纯净的 $BaSO_4$ 晶形沉淀。

【仪器和试剂】

瓷坩埚（25mL，2～3 个），定量滤纸（慢速或中速），沉淀帚（一把），玻璃漏斗（两个）。

H_2SO_4（$1mol \cdot L^{-1}$，$0.1mol \cdot L^{-1}$），HCl（$2mol \cdot L^{-1}$），HNO_3（$2mol \cdot L^{-1}$），$AgNO_3$（$0.1mol \cdot L^{-1}$），$BaCl_2 \cdot 2H_2O$（A. R.）。

【实验步骤】

1. 称样及沉淀的制备

准确称取两份 0.4～0.6g $BaCl_2 \cdot 2H_2O$ 试样，分别置于 250mL 烧杯中，加入约 100mL 蒸馏水、3mL $2mol \cdot L^{-1}$ HCl 溶液，搅拌溶解，加热至近沸。

另取 4mL $1mol \cdot L^{-1}$ H_2SO_4 两份于两个 100mL 烧杯中，加蒸馏水 30mL，加热至近沸，趁热将两份 H_2SO_4 溶液分别用小滴管逐滴地加入到两份热的钡盐溶液中，并用玻璃棒不断搅拌，直至两份 H_2SO_4 溶液加完为止。待 $BaSO_4$ 沉淀下沉后，于上层清液中加入 1～2 滴 $0.1mol \cdot L^{-1}$ H_2SO_4 溶液，仔细观察沉淀是否完全。沉淀完全后，盖上表面皿（切勿将玻璃棒拿出杯外），放置过夜陈化。也可将沉淀放在水浴或砂浴上，保温 40min，陈化。

2. 沉淀的过滤和洗涤

按前述操作，用慢速或中速滤纸倾泻法过滤。用稀 H_2SO_4（用 1mL $1mol \cdot L^{-1}$ H_2SO_4 加 100mL 水配成）洗涤沉淀 3～4 次，每次约 10mL。然后，将沉淀定量转移到滤纸上，用沉淀帚由上到下擦拭烧杯内壁，并用折叠滤纸时撕下的小片滤纸擦拭杯壁，并将此小滤纸放于漏斗中，再用稀 H_2SO_4 洗涤 4～6 次，直至洗涤液中不含 Cl^- 为止（检查方法：用试管收集 2mL 滤液，加 1 滴 $2mol \cdot L^{-1}$ HNO_3 酸化，加入 2 滴 $AgNO_3$，若无白色浑浊产生，表示 Cl^- 已洗净）。

3. 空坩埚的恒重

将两个洁净的瓷坩埚放在 (800 ± 20)℃ 的马弗炉中灼烧至恒重。第一次灼烧 40min，第二次后每次只灼烧 20min。灼烧也可在煤气灯上进行。

4. 沉淀的灼烧和恒重

将折叠好的沉淀滤纸包置于已恒重的瓷坩埚中，经烘干、炭化、灰化后，在 (800 ± 20)℃ 马弗炉中灼烧至恒重。

【数据处理】

根据沉淀和样品的质量，计算 $BaCl_2 \cdot 2H_2O$ 中 Ba 的含量。

【注意事项】

1. 加入稀 HCl 酸化，可以使部分 SO_4^{2-} 转化为 HSO_4^-，稍微增大沉淀的溶解度，以降低溶液的过饱和度，同时可防止胶溶作用。

2. 盛滤液的烧杯必须干净，因 $BaSO_4$ 沉淀易穿透滤纸，若遇此情况应重新过滤。

3. 包有沉淀的滤纸灰化时，如果温度太高或空气不充足，可能有部分白色 $BaSO_4$ 沉淀被滤纸的碳还原为绿色的 BaS，使测定结果偏低。

【思考题】

1. 为什么要在稀热 HCl 溶液中且不断搅拌下逐滴加入沉淀剂沉淀 $BaSO_4$？HCl 加入太多有何影响？

2. 为什么要在热溶液中沉淀 $BaSO_4$，但要在冷却后过滤？晶形沉淀为何要陈化？

3. 什么叫倾泻法过滤？洗涤沉淀时，为什么用洗涤液或水都要少量、多次？

4. 什么叫灼烧至恒重？

实验二十二　氯化物中氯含量的测定（莫尔法）

【实验目的】

1. 学习 $AgNO_3$ 标准溶液的配制和标定。

2. 掌握用莫尔法进行沉淀滴定的原理、方法和实验操作。

【实验原理】

某些可溶性氯化物中氯含量的测定常采用莫尔法。此法是在中性或弱碱性溶液中，以 K_2CrO_4 为指示剂，以 $AgNO_3$ 标准溶液进行滴定。由于 AgCl 沉淀的溶解度比 Ag_2CrO_4 小，因此，溶液中首先析出 AgCl 沉淀。当 AgCl 定量沉淀后，过量 1 滴 $AgNO_3$ 溶液即与 CrO_4^{2-} 生成砖红色 Ag_2CrO_4 沉淀，指示达到终点。主要反应式如下：

$$Ag^+ + Cl^- \Longrightarrow AgCl\downarrow \text{（白色）} \qquad K_{sp} = 1.8\times10^{-10}$$
$$2Ag^+ + CrO_4^{2-} \Longrightarrow Ag_2CrO_4\downarrow \text{（砖红色）} \qquad K_{sp} = 2.0\times10^{-12}$$

滴定必须在中性或弱碱性溶液中进行，最适宜 pH 范围为 6.5～10.5。如果有铵盐存在，溶液的 pH 需控制在 6.5～7.2 之间。

指示剂的用量对滴定有影响，一般以 $5\times10^{-3}\ mol\cdot L^{-1}$ 为宜。凡是能与 Ag^+ 生成难溶化合物的阴离子也干扰测定，如 AsO_4^{3-}、SO_3^{2-}、S^{2-}、CO_3^{2-}、$C_2O_4^{2-}$ 等。其中 H_2S 可加热煮沸除去，将 SO_3^{2-} 氧化成 SO_4^{2-} 后不再干扰测定。大量 Cu^{2+}、Ni^{2+}、Co^{2+} 等有色离子将影响终点观察。凡是能与 CrO_4^{2-} 指示剂生成难溶化合物的阳离子也干扰测定，如 Ba^{2+}、Pb^{2+} 能与 CrO_4^{2-} 分别生成 $BaCrO_4$ 和 $PbCrO_4$ 沉淀。Ba^{2+} 的干扰可加入过量的 Na_2SO_4 消除。

Al^{3+}、Fe^{3+}、Bi^{3+}、Sn^{4+} 等高价金属离子在中性或弱碱性溶液中易水解产生沉淀，会干扰测定。

【仪器和试剂】

1. NaCl 基准试剂

在 500～600℃ 高温炉中灼烧半小时后，置于干燥器中冷却。也可将 NaCl 置于带盖的瓷坩埚中，加热，并不断搅拌，待爆炸声停止后，继续加热 15min，将坩埚放入干燥器中冷却后使用。

2. $AgNO_3$ 溶液（$0.1mol\cdot L^{-1}$）

称取 8.5g $AgNO_3$ 溶解于 500mL 不含 Cl^- 的蒸馏水中，将溶液转入棕色试剂瓶中，置暗处保存，以防光照分解。

3. K_2CrO_4 溶液（$50g\cdot L^{-1}$）

【实验步骤】

1. $AgNO_3$ 溶液的标定

准确称取 0.5～0.65g NaCl 基准物于小烧杯中，用蒸馏水溶解后，转入 100mL 容量瓶中，稀释至刻度，摇匀。

用移液管移取 25.00mL NaCl 溶液注入 250mL 锥形瓶中，加入 25mL 蒸馏水，用吸量管加入 1mL K_2CrO_4 溶液，在不断摇动下，用 $AgNO_3$ 溶液滴定至呈现砖红色，即为终点。平行标定 3 份。

2. 试样分析

准确称取 2g NaCl 试样置于烧杯中，加水溶解后，转入 250mL 容量瓶中，用水稀释至刻度，摇匀。

用移液管移取 25.00mL 试液于 250mL 锥形瓶中，加 25mL 蒸馏水，用 1mL 吸量管加入 1mL K_2CrO_4 溶液，在不断摇动下，用 $AgNO_3$ 标准溶液滴定至溶液出现砖红色，即为终点。平行测定 3 份。

实验完毕后，将装 $AgNO_3$ 溶液的滴定管先用蒸馏水冲洗 2～3 次后，再用自来水洗净，以免 AgCl 残留于管内。

【数据处理】

1. 根据所消耗 $AgNO_3$ 的体积和 NaCl 的质量，计算 $AgNO_3$ 的浓度。

2. 根据试样分析中消耗 $AgNO_3$ 的体积和所称取的 NaCl 试样的质量，计算试样中氯的含量。

【注意事项】

1. 指示剂用量大小对测定有影响，必须定量加入。溶液较稀时，须作指示剂的空白校正，方法如下：取 1mL K_2CrO_4 指示剂溶液，加入适量水，然后加入无 Cl^- 的 $CaCO_3$ 固体（相当于滴定时 AgCl 的沉淀量），制成相似于实际滴定的浑浊溶液。逐渐滴下 $AgNO_3$ 溶液，至与终点颜色相同为止，记录读数，从滴定试液所消耗的 $AgNO_3$ 体积中扣除此读数。

2. 沉淀滴定中，为减少沉淀对被测离子的吸附，一般滴定的体积以大些为好，故需加水稀释试液。

【思考题】

1. 莫尔法测氯时，为什么溶液的 pH 须控制在 6.5～10.5？

2. 以 K_2CrO_4 作指示剂时，指示剂浓度过大或过小对测定有何影响？

3. 用莫尔法测定"酸性光亮镀铜液"（主要成分为 $CuSO_4$ 和 H_2SO_4）中氯含量时，试液应作哪些预处理？

第八章 吸光光度分析实验

实验二十三 铵盐中铵含量的测定（奈氏试剂比色法）

【实验目的】

    1. 掌握用分光光度法测定铵盐中铵含量的原理及方法。

    2. 学习吸收曲线的绘制。

【实验原理】

    微量铵（$0.5 \sim 16\mu g \cdot mL^{-1}$）的测定，通常采用奈氏试剂比色法。该法是利用 NH_4^+ 与奈氏试剂（$K_2[HgI_4]$ 的强碱溶液）作用生成黄色配合物，然后根据溶液颜色的深度与 NH_4^+ 浓度成正比而进行比色测定的。

$$NH_4^+ + 2\,[HgI_4]^{2-} + 4OH^- \Longrightarrow \left[O \begin{matrix} Hg \\ \\ Hg \end{matrix} NH_2 \right] I \downarrow + 3H_2O + 7I^-$$

碘化氨基氧汞（黄色）

    实验证明，当铵含量在 $0.2 \sim 2\mu g \cdot mL^{-1}$ 范围内测定时，完全符合朗伯-比尔定律。若 NH_4^+ 浓度太大，则必须适当稀释。为了防止沉淀物凝聚，可加入阿拉伯胶作为保护胶体，使沉淀物保持高度分离状态，不致有浑浊出现。另外，为了避免配合物分解，保证测定的准确度，还必须注意显色液不能放置太久，通常控制在显色后 30min 内进行比色为宜。

【仪器和试剂】

    722 型分光光度计。

    $20\mu g \cdot mL^{-1}$ 铵标准溶液（即含 NH_4^+ $20\mu g \cdot mL^{-1}$）（准确称取经过 $100\,^{\circ}\mathrm{C}$ 烘箱干燥的纯 NH_4Cl 1.4820g 溶于蒸馏水并稀释定容在 1000mL 容量瓶中，此时该溶液为 $500\mu g \cdot mL^{-1}$ 铵标准溶液，再准确吸取此溶液 20.00mL，定容在 500mL 容量瓶中，即得 $20\mu g \cdot mL^{-1}$ 铵标准溶液），奈氏试剂 [用 10g HgI_2 和 7g KI 溶于 50mL 蒸馏水中，然后与含 NaOH 1.6g 的 50mL 溶液混合（注意缓慢倒入并不断搅拌），放置过夜，然后取清液贮存于棕色瓶中，备用]，1％阿拉伯胶水溶液 [取 1g 拉阿伯胶溶于 100mL 沸水中，然后加入 2 滴氯仿（$CHCl_3$）作为防腐剂，如溶液浑浊，则静置后取上部清液备用]。

【实验步骤】

    1. 铵标准曲线的绘制

    准确吸取 $20\mu g \cdot mL^{-1}$ 铵标准溶液 0.00mL、0.50mL、1.00mL、1.50mL、2.00mL 和 2.50mL，分别置于 6 个 50mL 容量瓶中，每瓶再分别加蒸馏水 20mL 左右、奈氏试剂 2mL、1％阿拉伯胶水溶液 5 滴，最后用蒸馏水稀释至刻度，充分摇匀。5min 后，在分光光度计上，用 5cm 比色器，以试剂空白为参比溶液，在最大吸收波长（420nm）处，测出其各自的吸光度（A）。然后以铵标准溶液的浓度（$\mu g \cdot mL^{-1}$）为横坐标，相应的吸光度为纵坐标，绘制出铵标准曲线。

2. 待测液中微量铵的测定

准确吸取铵的待测液 10.00mL 于 50mL 容量瓶中，加入蒸馏水约 20mL，然后依次加入奈氏试剂 2mL、1‰阿拉伯胶水溶液 5 滴，用蒸馏水稀释至刻度，充分摇匀，即为未知比色液。5min 后，在分光光度计上，用相同的波长和比色皿测出其吸光度，然后按标准曲线法得出待测溶液中铵的含量。

【数据处理】

1. 记录

分光光度计型号：　　　　　　测量波长：　　　　　　吸收池厚度：

序号 数值 记录项目	铵标准溶液					待测试液
	1	2	3	4	5	6
NH_4^+ 浓度/$\mu g \cdot mL^{-1}$						
吸光度（A）						

2. 计算结果

首先以铵标准溶液的浓度（$\mu g \cdot mL^{-1}$）为横坐标，相应的吸光度为纵坐标，绘制出铵标准曲线。然后由测得的待测液的吸光度值，从标准曲线上即可查得待测液中铵的浓度。按下式计算出原始试液中铵的浓度：

待测液中铵浓度（$\mu g \cdot mL^{-1}$）＝标准曲线上查得的质量浓度（$\mu g \cdot mL^{-1}$）×待测液的稀释倍数

【思考题】

1. 奈氏试剂比色法测定铵时，必须注意哪些条件？

2. 显色剂的用量过多或过少对实验结果有无影响？

3. 什么是参比溶液？它起什么作用？本实验能否采用去离子水作参比溶液？

4. 吸光度 A 和透光率 T 之间的关系如何？分光光度法测定时一般读取吸光度值，该值在什么范围内较好？为什么？如何控制被测溶液的吸光度值在该范围内？

实验二十四　邻二氮菲吸光光度法测定铁（条件实验）

【实验目的】

1. 学习如何选择吸光光度分析的实验条件。

2. 掌握用吸光光度法测定铁的原理和方法。

3. 掌握分光光度计的构造及使用方法。

【实验原理】

1,10-邻二氮菲（又称邻菲啰啉）是测定铁的一种较好的显色剂。在 pH＝2～9 的溶液中，它与 Fe^{2+} 生成极稳定的橙红色 $[Fe(C_{12}H_8N_2)_3]^{2+}$ 配离子（$lg\beta_3 = 21.3$）。其反应如下：

此反应很灵敏，配合物的摩尔吸光系数 $\varepsilon_{508}=1.1\times10^4\text{L}\cdot\text{mol}^{-1}\cdot\text{cm}^{-1}$。$pH=2\sim9$，颜色深度与酸度无关。但为了尽量减少其他离子的影响，通常在微酸性（$pH\approx5$）溶液中显色。本实验一般用盐酸羟胺作为还原剂，显色前将 Fe^{3+} 全部还原为 Fe^{2+}。本实验采用标准曲线和比较法测定铁含量。

本法灵敏度高，稳定性好，选择性很高，相当于含铁量 40 倍的 Sn^{2+}、Al^{3+}、Ca^{2+}、Mg^{2+}、Zn^{2+}、SiO_3^{2-}；20 倍的 Cr^{3+}、Mn^{2+}、$V(V)$、PO_4^{3-}，5 倍的 Co^{2+}、Cu^{2+} 等均不干扰测定，因而是目前普遍采用的一种方法。

吸光光度法的实验条件，如测量波长、溶液酸度、显色剂用量、显色时间、温度、溶剂以及共存离子干扰及其消除等，都是通过实验来确定的。本实验在测定试样中铁含量之前，先做部分条件实验，以便初学者掌握确定实验条件的方法。

条件试验的简单方法是：变动某实验条件，固定其余条件，测得一系列吸光度值，绘制吸光度-某实验条件的曲线，根据曲线确定某实验条件的适宜值或适宜范围。

【仪器和试剂】

紫外可见分光光度计，pH 计。

铁标准溶液（10mg/L）[称取 0.8636g $(NH_4)_2Fe(SO_4)_2\cdot12H_2O$ 分析纯于 250mL 烧杯中，加入 50mL $6\text{mol}\cdot\text{L}^{-1}$ HCl 使之溶解后，移入 1L 容量瓶中，用蒸馏水稀释至标线，摇匀。所得溶液含铁为 $100.0\text{mg}\cdot\text{L}^{-1}$。吸取此溶液 25mL 于 250mL 容量瓶中，用蒸馏水稀释至标线，摇匀，此溶液浓度为 $10.00\text{mg}\cdot\text{L}^{-1}$]，邻二氮菲（0.15%）（先用少许酒精溶解，再用水稀释），盐酸羟胺水溶液（10%），NaAc 溶液（$1\text{mol}\cdot\text{L}^{-1}$），HCl 溶液（$6\text{mol}\cdot\text{L}^{-1}$），NaOH 溶液（$1\text{mol}\cdot\text{L}^{-1}$）。

【实验步骤】

1. 条件试验

（1）吸收曲线的测绘和测量波长的选择

① 配制溶液　取 3 只 50mL 洁净的容量瓶依次编号为 0、1、2 号，用 10mL 吸量管分别依次加入 0.0mL、6.0mL 和 8.0mL $10.00\text{mg}\cdot\text{L}^{-1}$ 铁标准溶液。分别用吸量管依次加入 1.0mL 10% 的盐酸羟胺溶液，摇匀后加入 2.0mL 0.15% 邻菲啰啉溶液、5.0mL $1\text{mol}\cdot\text{L}^{-1}$ 的 NaAc 溶液，最后用蒸馏水稀释至刻度，摇匀，放置 10min 待测。

② 测定吸收曲线　取 3 只 1.0cm 吸收池，用蒸馏水洗净后，再用 0、1、3 号溶液分别洗涤相应的吸收池 2~3 次，然后分别装入 0 号参比溶液（试剂空白）和 1、2 号标准溶液（倒入容积的 3/4 量即可）。注意：试剂空白不要倒掉，以备后用。用擦镜纸或滤纸擦干外壁水珠，将吸收池有序地放入吸收池架上（吸收池透光面应对准架孔），准备测量。

旋动波长调节钮，依次调节波长在 460nm、480nm、500nm、505nm、510nm、520nm、540nm、560nm 等波长处，按仪器使用方法，分别测定 1、2 号标准溶液的吸光度值。注意每改变一次测定波长，均需用参比溶液重新调零，并随时检查零点是否正确。测定数据记录在表格内。

将所获得数据以波长为横坐标，吸光度为纵坐标，绘制吸收曲线。选择吸收曲线的峰值波长为铁的测量波长。

（2）溶液酸度的选择　取 8 个 50mL 容量瓶，用吸量管分别依次加入 8.0mL 铁标准溶液、1.0mL 盐酸羟胺溶液，摇匀，再加入 2.0mL 邻菲啰啉溶液，摇匀。用 5mL 吸量管分别依次加入 0.0mL、0.2mL、0.5mL、1.0mL、1.5mL、2.0mL、2.5mL 和 3.0mL $1\text{mol}\cdot\text{L}^{-1}$

NaOH 溶液，用蒸馏水稀释至刻度，摇匀，放置 10min 待测。用 1.0cm 吸收池，以蒸馏水为参比溶液（因为该显色体系的试剂空白为无色溶液，本法的条件试验用蒸馏水作参比溶液，操作较为简单），在选择的波长下测定各溶液的吸光度。同时，用 pH 计测量各溶液的 pH。以 pH 为横坐标，吸光度为纵坐标，绘制吸光度-pH 关系的酸度影响曲线，得出测定铁含量的适宜酸度范围。

（3）显色剂用量的选择　取 7 个 50mL 容量瓶，用吸量管分别依次加入 8.0mL 铁标准溶液、1.0mL 盐酸羟胺溶液，摇匀。再分别加入 0.1mL、0.3mL、0.5mL、0.8mL、1.0mL、2.0mL 和 4.0mL 邻菲啰啉溶液和 5.0mL NaAc 溶液，用蒸馏水稀释至刻度，摇匀，放置 10min 待测。用 1.0cm 吸收池，以蒸馏水为参比溶液，在选择的波长下测定各溶液的吸光度。以所取邻菲啰啉体积为横坐标，吸光度为纵坐标，绘制吸光度-邻菲啰啉体积关系的显色剂用量影响曲线，得出测定铁含量时显色剂的最适宜用量。

（4）显色时间　在一个 50mL 容量瓶中，用吸量管加入 8.0mL 铁标准溶液、1.0mL 盐酸羟胺溶液，摇匀后，加入 2.0mL 邻菲啰啉溶液、5.0mL NaAc 溶液，用蒸馏水稀释至刻度，摇匀。立刻用 1.0cm 吸收池，以蒸馏水为参比溶液，在选择的波长下测定各溶液的吸光度。然后依次测量放置 5min，10min，30min，60min，120min，…后的吸光度。以显色时间为横坐标，吸光度为纵坐标，绘制吸光度-时间关系的显色时间影响曲线，得出铁与邻菲啰啉显色反应完全所需要的适宜时间。

2. 铁含量的测定

方法一：比较法。

在 2 只 50mL 容量瓶中，分别用吸量管加入 7.00mL 10.00mg·L^{-1} 铁标准溶液、8.00mL 铁未知溶液，然后分别加入 1.0mL 10% 的盐酸羟胺，摇匀。再加入 2.0mL 邻菲啰啉溶液、5.0mL NaAc 溶液，用蒸馏水稀释至刻度，摇匀。10min 后，在选择的波长下，用 1.0cm 吸收池，以试剂空白为参比溶液，依次测量标准溶液和未知溶液的吸光度。

方法二：标准曲线法。

（1）标准曲线的绘制　在 6 只 50mL 容量瓶中，分别用吸量管加入 0.00mL、2.00mL、4.00mL、6.00mL、8.00mL 和 10.0mL 10.00mg·L^{-1} 铁标准溶液，然后分别加入 1.0mL 盐酸羟胺，摇匀。再加入 2.0mL 邻菲啰啉溶液、5.0mL NaAc 溶液，用蒸馏水稀释至刻度，摇匀。10min 后，在选择的波长下，用 1.0cm 吸收池，以试剂空白为参比溶液，依次测量各溶液的吸光度。以含铁量为横坐标，吸光度为纵坐标，绘制标准曲线。

（2）试样中铁含量的测定　用吸量管移取适量待测液（如 6.00mL）于 50mL 容量瓶中，按标准曲线同样步骤显色，测定吸光度值。

【数据处理】

1. 记录

分光光度计型号：　　　　　　　　吸收池厚度：

（1）吸收曲线的绘制

吸光光度 A　　　　波长/nm　　　　$\rho(Fe^{2+})/mg \cdot L^{-1}$	440	460	480	500	505	510	515	520	540	560
6.0										
8.0										

邻菲啰啉亚铁配合物的最大吸收波长 $\lambda_{max} =$ _____ nm

其他条件试验的记录可仿照上表，请自行列表。

（2）铁含量的测定

方法一：比较法

记录项目 溶液	标准溶液	待测溶液
加入体积/mL		
$\rho(Fe^{2+})$/mg·L^{-1}		
吸光度 A		

方法二：标准曲线法

记录项目 数值 序号	铁标准溶液					待测试液
	1	2	3	4	5	6
加入体积/mL						
$\rho(Fe^{2+})$/mg·L^{-1}						
吸光度 A						

2. 计算结果

方法一：比较法

按比较法原理计算原试液中铁含量。

原试液 $\rho(Fe^{2+}) =$ _____ mg·L^{-1}

方法二：标准曲线法

以含铁量为横坐标，吸光度为纵坐标，绘制标准曲线。再由测得试液的吸光度值，从标准曲线上查得试液铁的浓度。按下式计算出原始试液中铁的浓度：

$$\rho(P) = 标准曲线上查得的质量浓度 \times 试液的稀释倍数$$

【注意事项】

注意试样中铁含量的测定和标准曲线的绘制时，配制溶液和测量吸光度应同时进行。

【思考题】

1. 本实验量取各种试剂时应分别采用何种量器较为合适？为什么？

2. 试对所做条件试验进行讨论并选择适宜的测量条件。

3. 实验中盐酸羟胺和 NaAc 的作用是什么？若用 NaOH 代替 NaAc 有什么缺点？

4. 从实验测出的吸光度求铁含量的根据是什么？如何求得？

5. 如果试液中含有某种干扰离子，并在测定波长下也有一定的吸光度，如何消除这种干扰？

6. 制作标准曲线和进行其他条件试验时，加入试剂的顺序能否任意改变？为什么？

实验二十五 吸光光度法测定磷

【实验目的】

1. 掌握钼酸铵-抗坏血酸-氯化亚锡法测定磷的原理和方法。

2. 掌握标准曲线法测定磷的原理和方法。

3. 了解并掌握 722 型分光光度计的使用方法。

【实验原理】

微量磷的测定一般采用钼蓝法。在含少量 PO_4^{3-} 的酸性溶液中加入钼酸铵试剂，可生成黄色的磷钼酸溶液，其反应如下：

$$PO_4^{3-} + 3NH_4^+ + 12MoO_4^{2-} + 24H^+ === (NH_4)_3PO_4 \cdot 12MoO_3 \cdot 6H_2O + 6H_2O$$

若以磷钼黄直接进行光度测定，则灵敏度较低；若向溶液中加入抗坏血酸和氯化亚锡溶液，既可消除 Fe^{3+} 等离子的干扰，又可将部分正六价钼还原成低价的颜色更深的磷钼蓝。这样，既增大了稳定性，又提高了测定的灵敏度。在室温下显色 10min 后，可在 650nm 波长测定其吸光度值。磷含量在 $1 \sim 2mg \cdot L^{-1}$ 范围内服从朗伯-比尔定律，本实验采用标准曲线法测定磷含量。

【仪器和试剂】

722 型或 721 型分光光度计，容量瓶（25mL），吸量管（1mL、2mL、5mL）。

盐酸-钼酸铵溶液（4%）（称 40g 分析纯钼酸铵溶于 600mL 浓盐酸中，用蒸馏水稀释至1L），抗坏血酸溶液（2%），$SnCl_2$ 溶液（0.5%）（称 5g $SnCl_2$，用浓 HCl 溶解，加蒸馏水稀释至1L，用前新配），磷标准溶液（$10mg \cdot L^{-1}$）（准确称取 0.4394g KH_2PO_4 于 100mL烧杯中，用少量蒸馏水溶解后，定量转移至 1L 容量瓶中，并用蒸馏水稀释至刻度标线，摇匀，磷的浓度为 $100mg \cdot L^{-1}$。取此溶液 10mL 于 100mL 容量瓶中，加蒸馏水稀释至刻度，摇匀即可）。

【实验步骤】

1. 标准曲线的绘制

分别吸取 $10mg \cdot L^{-1}$ 标准溶液 0.00mL、0.50mL、1.00mL、1.50mL、2.00mL、2.50mL 于 6 个编号为 0、1、2、3、4、5 的 25mL 容量瓶中，各加入蒸馏水 15mL 左右、4% 盐酸-钼酸铵混合溶液 2mL、2% 抗坏血酸溶液 5 滴，放置 5min 后，加入 3 滴 0.5% $SnCl_2$ 溶液，并稀释至刻度，摇匀。然后用 1cm 吸收池，以试剂空白（0 号）为参比溶液，在 650nm 波长下分别测定各标准溶液的吸光度值。

2. 总磷含量的测定

用吸量管移取待测液 1.50mL 于编号为 6 的 25mL 容量瓶中，按上述同样步骤显色，测定吸光度值。

【数据处理】

将磷的各标准溶液的浓度及对应的吸光度值记录在表格中。以磷的质量浓度 $\rho(P)$ 为横坐标，对应的吸光度值为纵坐标，绘制标准曲线。

记录项目 数值 序号	磷标准溶液						待测试液
	0	1	2	3	4	5	6
加入体积/mL							
$\rho(P)$/mg·L^{-1}							
吸光度 A							

由测得试液的吸光度值，从标准曲线上即可查得试液磷的浓度。按下式计算原始试液中磷的浓度：

$$\rho(\text{P}) = \text{标准曲线上查得的质量浓度} \times \text{试液的稀释倍数}$$

【思考题】

1. 实验中为什么要用新配制的抗坏血酸和 $SnCl_2$ 溶液？配制时间过长对磷的测定有何影响？

2. 本实验使用的钼酸铵显色剂的用量是否要准确加入？过多、过少对测定结果是否有影响？

第九章　常用分离富集方法实验

实验二十六　微量锑的共沉淀分离和萃取光度测定

【实验目的】

1. 掌握共沉淀富集微量金属离子的方法。
2. 学习萃取光度分析的原理和操作技术。

【实验原理】

微量锑（含量为 $\mu g \cdot L^{-1}$ 级）常常可从酸性溶液中，以 $MnO(OH)_2$ 为载体，进行共沉淀分离和富集。载体 $MnO(OH)_2$ 是在 $MnSO_4$ 的热溶液中加入 $KMnO_4$ 溶液，加热煮沸后生成的。共沉淀时溶液的酸度约为 $1 \sim 1.5 mol \cdot L^{-1}$ 时，Fe^{3+}、Cu^{2+}，As（Ⅲ）、Pb^{2+}、Tl^{3+} 等不沉淀，只有锡和锑可以完全沉淀下来。能够和 Sb（Ⅴ）形成配合物的组分（例如 F^-）干扰锑的富集。所得沉淀用 H_2O_2 和 HCl 混合溶剂溶解。

微量锑的测定常采用萃取光度法。常用的显色剂有罗丹明类碱性染料如罗丹明 B，三苯甲烷类碱性染料如孔雀绿、亮绿、甲基紫等。这时 $SbCl_6^-$ 配阴离子与这些染料的阳离子缔合生成有色的难溶于水的三元配合物，用苯、三异丙基醚等溶剂萃取后，可用光度法测定。这里采用孔雀绿作显色剂，在 $3 \sim 4 mol \cdot L^{-1}$ 的 HCl 溶液中用苯为溶剂进行萃取。苯中三元配合物的吸收峰在 635nm，多余的显色剂孔雀绿仍留在水中。

【仪器和试剂】

125mL 分液漏斗，722 型分光光度计或 721 型分光光度计。

金属锑，浓硝酸，浓盐酸，（5∶1）盐酸，（1∶5）磷酸，30% H_2O_2，4%高锰酸钾水溶液，5%硫酸锰或硝酸锰水溶液，50%尿素水溶液，15%亚硝酸钠水溶液，0.2%孔雀绿水溶液，10%氯化亚锡（取 2g $SnCl_2$，加 4mL 浓 HCl，温热使之全部溶解，再加水 16mL。此试剂每次要新配制），苯，无水硫酸钠。

【实验步骤】

1. 锑标准溶液的配制

称取纯金属锑 0.2000g，溶于王水（HCl∶HNO_3＝1∶3）中，加热除去 NO_2，然后用（5∶1）盐酸稀释至 1L，配成锑标准溶液，含锑 $200 mg \cdot L^{-1}$。

取上述贮备液 5mL，用（5∶1）盐酸稀释至 1L，配成锑标准溶液，含锑 $1 \mu g \cdot L^{-1}$。

2. 标准曲线的绘制

取锑标准溶液 0mL、2mL、4mL、6mL、8mL、10mL，分别置于 6 支 125mL 分液漏斗中，加入（5∶1）盐酸使溶液总体积各为 10mL。加 10% $SnCl_2$ 2～3 滴，静置 1min。各加 $NaNO_2$ 溶液 2mL，摇匀，静置 2min，用洗耳球吹气以除去 NO_2。然后加入尿素溶液 2mL，摇动至大气泡消失。由于产生气体太多，易使分液漏斗塞冲出，故开始时稍摇几下即应转动活塞放出气体。再加（1∶5）磷酸 15mL，摇匀后加入苯 15mL、孔雀绿溶液 10 滴，盖上塞子，立即振摇 $1\sim2$ min 以萃取之。静置分层后，弃去水相，将有机相转入 25mL 容量瓶中，瓶中预先放置好 0.4g 无水硫酸钠，盖上塞子，摇动至溶液完全变成澄清。转移至 2cm 的比色皿中，以空白溶液为参比，在 635nm 处进行吸光度测定，此溶液在 1h 内吸光度稳定。

以浓度为横坐标，吸光度为纵坐标，作浓度-吸光度曲线（即工作曲线）。

3. 微量锑的共沉淀富集

移取试液 5.00mL，置于 400mL 烧杯中，加入 (5:1) 盐酸 5mL，热水 150mL 和硫酸锰溶液 10mL。加热微沸后加入高锰酸钾溶液 8mL，煮沸 1min。再加入高锰酸钾溶液 8mL，再煮沸 1min。静置 $3\sim5$ min，用直径为 11cm 的滤纸过滤。用热水洗涤沉淀和烧杯，热水总体积约为 150mL，弃去滤液和洗液。

4. 试液中锑的测定

用 8mL 浓盐酸和 2mL H_2O_2 配成的混合溶液（随用随配）溶解沉淀，溶解后滤液仍流入原进行沉淀的烧杯中。再用 (5:1) 盐酸 10mL 洗涤滤纸。收集滤液和洗液，缓缓加热至出现大气泡后再煮沸 1min。冷却至室温，移入 25mL 容量瓶中，用 (5:1) 盐酸洗涤烧杯，稀释至刻度，摇匀。

吸取上述溶液 5.00mL，置于 125mL 分液漏斗中，按绘制标准曲线的步骤测定吸光度，再从标准曲线上查得锑含量，计算原试液中的锑含量。

【数据处理】

项　目	标　准　溶　液						试液
编号	0	1	2	3	4	5	6
试液量/mL	0.00	2.00	4.00	6.00	8.00	10.00	5.00
含 Sb 量/$\mu g \cdot L^{-1}$							
吸光度 A							

【注意事项】

1. 加入 $SnCl_2$ 使可能存在的 Sb(V) 还原为 Sb(Ⅲ)，然后再以 $NaNO_2$ 使之全部氧化后应立即显色萃取，否则 $SbCl_6^-$ 慢慢水解形成 $Sb(OH)Cl_6^-$ 后就不显色了。

2. 加入 $NaNO_2$ 可氧化除去多余的 $SnCl_2$。$NaNO_2$ 还原后生成 NO，易被氧化成 NO_2；$NaNO_2$ 遇酸生成不稳定的 HNO_2，要分解放出 NO_2。NO_2 应吹气除去，否则要破坏有机显色剂而影响显色反应。

3. 加入尿素以除去剩余的 HNO_2。

4. 加入磷酸使可能存在的杂质 Fe^{3+} 配位为无色的 $Fe(HPO_4)_2^-$，以消除对显色反应的干扰。

【思考题】

1. 共沉淀时若溶液的酸度约为 $1\sim1.5$ mol·L^{-1}，哪些离子不沉淀，哪些离子可以完全沉淀下来？

2. 采用萃取光度法测定微量锑时，常用的显色剂有哪些？

实验二十七　合金钢中微量铜的萃取光度测定

【实验目的】

掌握萃取光度分析的原理和操作技术。

【实验原理】

在氨性缓冲液中，Cu^{2+} 与铜试剂（二乙氨基二硫代甲酸钠，即 DDTC）生成黄棕色配合物，用 CCl_4 或 $CHCl_3$ 萃取后进行光度测定。其反应式为：

$$2 \begin{array}{c} H_5C_2 \\ \diagdown \\ N-C \\ \diagup \\ H_5C_2 \end{array} \begin{array}{c} S^- \\ \diagdown \\ \diagup \\ S \end{array} + Cu^{2+} \longrightarrow \begin{array}{c} C_2H_5 \\ \diagdown \\ N-C \\ \diagup \\ C_2H_5 \end{array} \begin{array}{c} S \diagdown \diagup S \\ Cu \\ S \diagup \diagdown S \end{array} \begin{array}{c} C_2H_5 \\ \diagup \\ C-N \\ \diagdown \\ C_2H_5 \end{array}$$

Fe^{3+}、Co^{2+}、Ni^{2+} 等阳离子的干扰，可以用柠檬酸盐和 EDTA 掩蔽消除。

【仪器和试剂】

722S 型分光光度计或 721 型分光光度计。

浓 HCl，浓 HNO_3，浓 $NH_3 \cdot H_2O$，CCl_4 或 $CHCl_3$，0.2% DDTC 水溶液，柠檬酸铵-EDTA溶液（20g 柠檬酸铵和 5g EDTA 二钠盐溶于水中稀释至 100mL），$0.02g \cdot L^{-1}$ Cu^{2+} 标准溶液。

【实验步骤】

1. 铜标准溶液的配制

准确称取纯铜屑（99.9%）0.2000g 于 100mL 烧杯中，加浓 HNO_3 5mL，加热溶解后浓缩至 10mL 以下。冷却后加入柠檬酸铵-EDTA 混合液 30mL，用浓 $NH_3 \cdot H_2O$ 中和至 pH＝8～9，定量转移至 1000mL 容量瓶中，以蒸馏水定容、摇匀。此为 $0.2g \cdot L^{-1}$ 标准铜贮备液。

临用前，吸取该贮备液 10.00mL 于 100mL 容量瓶中，以蒸馏水定容、摇匀。此为 $20mg \cdot L^{-1}$ 的铜标准溶液。

2. 试样的分解

准确称取试样 0.3g 左右置于 150mL 烧杯中，按铜标准贮备液的制备方法，溶解、浓缩、加入掩蔽剂和调节 pH 值，最后定量转移至 100mL 容量瓶中，定容、摇匀。

以同样方法制备试剂空白液。

3. 萃取测定

吸取 $20mg \cdot L^{-1}$ 的铜标准溶液 0.00mL、1.00mL、2.00mL、3.00mL、4.00mL、5.00mL，分别置于 125mL 分液漏斗中，在 "0" 号分液漏斗中加入 2.00mL 试剂空白液。然后在各分液漏斗中分别加入 10.0mL 铜试剂和 15mL CCl_4 或 $CHCl_3$（用干燥、清洁的移液管移取），用力振荡 3～5min。待静置分层后，在分液漏斗的流出管底部填充一小团干净的脱脂棉，然后将有机相转移至干燥清洁的比色皿中，以试剂空白作参比，于 435nm 波长处分别测定吸光度值。

以浓度为横坐标，吸光度为纵坐标，作浓度-吸光度曲线（即工作曲线）。

4. 未知试样中 Cu 含量的萃取测定

用移液管吸取 10.00mL 待测试液于 125mL 分液漏斗中，加入 10.0mL 铜试剂和 15.00mL CCl_4 或 $CHCl_3$，用力振荡 3～5min，待静置分层后，通过脱脂棉把有机相转移至干燥洁净的比色皿中，以试剂空白作参比，在 435nm 波长处测定吸光度值。

【数据处理】

项　目	标　准　溶　液						未知
编号	0	1	2	3	4	5	6
含铜试液	0.00	1.00	2.00	3.00	4.00	5.00	10.00
试剂空白	2.00	0.00	0.00	0.00	0.00	0.00	0.00
Cu^{2+}浓度/mg·L^{-1}							
吸光度 A							

根据未知液的吸光度值，在标准曲线上查出该显色试液中 Cu^{2+} 的浓度（mg·L^{-1}），然后按下式计算试样中铜的含量：

$$w(Cu) = c(Cu)V_1 \times \frac{100}{m} \times \frac{V_2}{V_3} \times 100\%$$

式中，$c(Cu)$ 为从标准曲线上查得的显色试液中 Cu^{2+} 的浓度，mg·L^{-1}；m 为试样质量；V_1 为试样处理成试液后的体积；V_2 为试液显色后的体积；V_3 为用于显色的试液体积。

【注意事项】

1. 本法适用于测定含 0.001%~0.5% 的铜。

2. Fe^{3+}、Co^{2+}、Ni^{2+} 等金属离子对测定有干扰，为消除其干扰，在加 DDTC 之前，加入柠檬酸铵和 EDTA 混合液进行联合掩蔽。应注意掩蔽剂的用量，每称取 0.1g 试样，加入该掩蔽剂 10mL 即可。在标准铜溶液中也加此掩蔽剂，是为了消除试剂误差。空白液中也加掩蔽剂，目的也在于此。

3. 调节 pH 时，加入的 $NH_3·H_2O$ 勿过量，否则，若 pH>9 时，在大量 EDTA 存在下，萃取效率会降低。

4. 若振荡时间不够，萃取效率低，测定结果也会偏低。

【思考题】

1. 溶剂萃取分析的基本原理是什么？

2. 在本实验中，显色液中 Cu^{2+} 的浓度应如何计算？

实验二十八　铜、铁、钴、镍的纸上色谱分离

【实验目的】

1. 掌握纸色谱分离法的原理和操作技术。

2. 学习如何根据组分不同的比移值，分离鉴别未知试样的组分。

【实验原理】

试液在滤纸上点样后，以有机溶剂展开时，靠滤纸的毛细管作用，试液中的各组分便随着展开剂（流动相）从滤纸一端向另一端移动，并在固定相和移动相间进行反复多次的重新分配。由于各组分在两相间的分配系数不同，即可以达到彼此分离的目的。

各组分在滤纸上移动的位置，通常以比移值 R_f 表示，比移值 R_f 的定义是：

$$R_f = \frac{原点至斑点中心的距离}{原点至溶剂前沿的距离}$$

R_f 值最大等于 1，即该组分随展开剂上升至展开剂（溶剂）的前沿；最小等于零，即

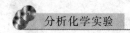

该组分不随溶剂移动而留在原点。

在一定条件下，各组分的 R_f 值都有其相应的定值。因此，可根据实验所测得的比移值进行定性分析。各组分彼此分离后，即可采用适当的方法，进行定量分析（如：可把斑点剪下灰化、溶解后，用分光光度法进行定量测定）。

本实验用丙酮：盐酸：水＝90∶5∶5 为展开剂，用上升法展开，以分离 Cu^{2+}、Fe^{3+}、Co^{2+}、Ni^{2+} 的混合溶液。其中 Fe^{3+} 移动最快，R_f 值接近于1；其次是 Cu^{2+} 和 Co^{2+}，Ni^{2+} 移动最慢，R_f 值接近零。展开后，以氨气熏之，以中和其酸性，然后用二硫代乙二酰胺显色。从上至下各斑点的颜色为：棕黄色（Fe^{3+}）、灰绿色（Cu^{2+}）、黄色（Co^{2+}）和深蓝色（Ni^{2+}）。以 Cu^{2+} 为例，其显色反应为：

$$Cu^{2+} + (CSNH_2)_2 \longrightarrow HN=C \underset{\underset{Cu}{\underset{|}{S}}}{} C=NH + 2H^+$$

【仪器和试剂】

层析筒（可用 100mL 量筒代替），微量移液管（以校准过的血球管代替，若只作定性分析，可用毛细管），喷雾器，滤纸（新华中速色层纸，裁成 25cm×1.5cm 的条状）。

展开剂（丙酮∶浓盐酸∶水＝90∶5∶5），显色剂（二硫代乙二酰胺，0.5％乙醇溶液），Cu^{2+}、Fe^{3+}、Co^{2+}、Ni^{2+} 混合溶液（各为 $5g \cdot L^{-1}$，以氯化物配制），浓氨水。

【实验步骤】

1. 点样

取已裁好的滤纸一条，于纸条一端 2cm 处用铅笔画一条线，并在横线中间记一个"×"号，用毛细管或微量移液管移取试液 $5\mu L$，小心点在横线上的"×"号处（称为原点），斑点直径为 0.5cm 左右，在空气中风干后，挂在橡皮塞下面的丝钩上。

2. 展开

在干燥的层析筒中加入 10mL 展开剂，放入滤纸条，塞紧橡皮塞，使滤纸一端的空白部分浸入展开剂中约 0.5cm 开始进行展开。

3. 显色

待溶剂前沿上升至离顶端 2cm 左右时，取出滤纸条，立即用铅笔记下溶剂的前沿位置。在空气中风干后，在氨瓶口熏 5min，然后用显色剂喷洒显色。从上到下四个清晰的斑点，依次为铁（棕黄）、铜（灰绿）、钴（黄）和镍（深蓝）。

【数据处理】

用铅笔将各斑点的范围标出，找出各斑点的中心点到原点的距离 a，再量出原点到溶剂前沿的距离 b，则

$$R_f = \frac{a}{b}$$

Fe^{3+}、Cu^{2+}、Co^{2+}、Ni^{3+} 的 R_f 值分别为 0.97、0.63、0.49、0.01。

【注意事项】

1. 若需要进行定量测定时，可配制各组分的标准溶液，用宽一些的滤纸条，将标准和试样溶液在同一滤纸条上点样，两原点水平距离约 3cm，其他手续相同。

显色后，分别剪下标准和试样斑点，放在瓷坩埚中灰化，然后在马弗炉中灼烧（800℃）

15min，取出冷却后，加 10 滴浓 HNO_3 加热溶解，用光度法分别测定各组分含量。铁可用磺基水杨酸分光光度法，铜用铜试剂分光光度法，钴用亚硝基-R 盐分光光度法，镍用丁二酮肟分光光度法测定。

2. 层析纸应先在展开剂饱和的空气中放置 24h 以上。方法是：取少量展开剂置于一小烧杯中，然后放入干燥器中，并把层析纸放在干燥器中，盖严之后，放置即可。

3. 各组分的比例必须严格控制，否则影响分离效果，因此，量取丙酮的量器和储存展开剂的容器必须干燥。盐酸和水应当用移液管量取。

4. 配制 Cu^{2+}、Fe^{3+}、Co^{2+}、Ni^{2+} 试液时，必须采用氯化物，如果采用硝酸盐类时，展开效果不好，各组分的斑点不集中。

5. 如果斑点直径太大，可分次点样，若不做定量测定，只需控制斑点大小，不必准确量取体积。

6. 喷洒显色剂不宜过多，以免底色过深，影响斑点的观察。

【思考题】

1. 怎样测定 R_f 值？它在分析化学中有何实际意义？

2. 影响 R_f 值的因素有哪些？

3. 展开剂中加入的盐酸有什么作用？

4. R_f 值与分配系数有何关系？

实验二十九　偶氮苯和对硝基苯胺的薄层色谱分离

【实验目的】

1. 学习薄层色谱法进行定性分析的原理。

2. 掌握薄层色谱法的操作技术。

【实验原理】

薄层色谱法是将吸附剂（或固定相）涂铺在玻璃板或金属板上使之成为一均匀薄层，将要分析的试液滴在薄层板的一端，待干后将其放到盛有适当展开剂的层析缸中，用流动相（展开剂）进行展开。层析后，各组分彼此分离，通过比移值 R_f 的测定，可以进行定性鉴别。

本实验用硅胶 G 薄层板分离有色的偶氮苯和对硝基苯胺混合物，斑点移动直观，无须使用显色剂显色。

【仪器和试剂】

玻璃层析缸，玻璃层析板 100mm×240mm，量筒，毛细管。

偶氮苯（$5g \cdot L^{-1}$ 的苯溶液），对硝基苯胺（$5g \cdot L^{-1}$ 的苯溶液），偶氮苯和对硝基苯胺混合试液（取偶氮苯和对硝基苯胺溶液等量混合），展开剂（环己烷：乙酸乙酯＝72：8），硅胶 G，$5g \cdot L^{-1}$ 羧甲基纤维素（CMC）水溶液（称取 0.5g CMC，在搅拌下加入 100mL 热水中，搅拌溶解）。

【实验步骤】

1. 薄层板的制备

称取 4g 硅胶 G 于 100mL 烧杯中，加入 14mL CMC，用玻璃棒仔细搅拌 5min，调成均匀糊状。然后铺在洁净的层析玻璃板上，用玻璃棒涂布均匀并借助振动使糊状物平整均匀，水平放置一天晾干。

将晾干后的薄板放入烘箱中，慢慢升温至 110℃ 后活化 1h。取出，放在干燥器中冷却备用。

2. 点样

在薄层板下端约 2cm 处，用铅笔轻轻画一横线，在横线上做三个记号为原点，原点间距离为 2cm。用毛细管分别蘸取偶氮苯、对硝基苯胺、混合试液，依次在三个原点处点样，使斑点的直径为 2mm 左右，若一次点样不够，可待溶剂挥发后，在原点处二次点样，晾干。

3. 展开

移取 72mL 环己烷和 8mL 乙酸乙酯于洁净的层析缸中，将点好样的薄层板放入层析缸，使点有试样的一端浸入展开剂中，但原点一定要在液面上方，另一端斜靠在层析缸壁上，盖上缸盖，观察展开过程，直至溶剂前沿达到薄层板全程的 2/3 左右时，取出薄层板，立即画出展开剂前沿的位置，晾干。

【数据处理】

画出斑点移动位置，量出各组分相应的 a、b 值，计算 R_f 值并进行比较。

【注意事项】

最好提前一周制板晾干备用。

【思考题】

1. 若将斑点浸入展开剂中，结果如何？

2. 如果制板不均匀，对测定结果有何影响？

3. 样品斑点的大小对分离效果有何影响？

实验三十　植物鲜叶中β-胡萝卜素的柱色谱分离和检测

【实验目的】

1. 学习柱色谱分离的基本原理。

2. 学习从新鲜蔬菜中提取、分离 β-胡萝卜素的方法。

3. 掌握柱色谱和紫外-可见分光光度计的操作技术。

【实验原理】

胡萝卜素广泛存在于植物的茎、叶、花或果实中，如胡萝卜、甘薯、菠菜等中都含有丰富的胡萝卜素。由于它首先是在胡萝卜中发现的，因此得名胡萝卜素。胡萝卜素是四萜类化合物中最重要的代表物，有 α、β、γ 三种异构体，其中以 β-胡萝卜素含量最高，生理活性最强，也最重要。β-胡萝卜素的结构式如下：

β-胡萝卜素 (R = H)　　　叶黄素 (R = OH)

β-胡萝卜素是维生素 A 的前体，具有类似维生素 A 的活性，它的整个分子是对称的，分子中间的双键容易氧化断裂，如在动物体内即可断裂，形成两分子维生素 A，因此 β-胡萝卜素又称为维生素 A 原。从结构上看，β-胡萝卜素是含有 11 个共轭双键的长链多烯化合物，它的 $\pi \rightarrow \pi^*$ 跃迁吸收带处于可见光区，因此纯的 β-胡萝卜素是橘红色晶体。

胡萝卜素不溶于水，可溶于有机溶剂中，因此植物中胡萝卜素可以用有机溶剂提取。但有机溶剂也能同时提取植物中叶黄素、叶绿素等成分，对测定产生干扰，需要用适当方法加以分离。本实验采用柱色谱法将提取液中β-胡萝卜素分离出来，经分离提纯的β-胡萝卜素可以直接用紫外-可见分光光度法测定。

【仪器和试剂】

UV-120（或其他型号）紫外-可见分光光度计，色谱柱（10mm×20mm），玻璃漏斗，分液漏斗，容量瓶（100mL、50mL、10mL），研钵，水泵，吸量管。

活性MgO，正己烷，丙酮，硅藻土助滤剂，CH_3COCH_3，无水Na_2SO_4。

【实验步骤】

1. 样品处理

将新鲜胡萝卜洗净后粉碎混匀，称取2g于研钵中，加10mL 1∶1丙酮-正己烷混合溶剂，研磨5min，将浸提液滤入预先盛有50mL蒸馏水的分液漏斗中，残渣加10mL 1∶1丙酮-正己烷混合溶剂研磨，过滤，重复此项操作直到浸提液无色为止，合并浸提液，每次用20mL蒸馏水洗涤两次，将洗涤后的水溶液合并，用10mL正己烷萃取水溶液，与前浸提液合并供柱色谱分离。

2. 柱色谱分离

将2g活性MgO与2g硅藻土助滤剂混合均匀，作为吸附剂，疏松地装入色谱柱中，然后用水泵抽气使吸附剂逐渐密实，再在吸附剂顶面盖上一层约5mm厚的无水Na_2SO_4。将样品浸提液逐渐倾入色谱柱中，在连续抽气条件下（或用洗耳球吹）使浸提液流过色谱柱。用正己烷冲洗色谱柱，使胡萝卜素谱带与其他色素谱带分开。当胡萝卜素谱带移过柱中部后，用1∶9丙酮-正己烷混合溶剂洗脱并收集流出液，β-胡萝卜素将首先从色谱柱流出，而其他色素仍保留在色谱柱中，将洗脱的β-胡萝卜素流出液收集在50mL容量瓶中，用1∶9丙酮-正己烷混合溶剂定容。

3. 制作标准曲线

用逐级稀释法准确配制$25\mu g \cdot L^{-1}$ β-胡萝卜素正己烷标准溶液。分别吸取该溶液0.40mL、0.80mL、1.20mL、1.60mL、2.00mL于5个10mL容量瓶中。用正己烷定容。

用1cm石英比色皿，以正己烷为参比，测定其中一个标准溶液的紫外-可见吸收光谱，分别测定5个β-胡萝卜素标准溶液的最大吸光度（测定的波长范围为350～550nm）。

4. 测定样品浸提液中β-胡萝卜素的含量

将经过柱色谱分离后的β-胡萝卜素溶液，以1∶9丙酮-正己烷溶剂为参比，在紫外-可见分光光度计上测定其吸收光谱（350～550nm）及最大吸光度。

【数据处理】

1. 绘制β-胡萝卜素标准曲线。

2. 确定样品溶液λ_{max}处的吸光度，计算β-胡萝卜素的含量。

$$w(\text{β-胡萝卜素}) = \frac{\rho \times 50}{m} \times 10^{-9}$$

式中，ρ为标准曲线上查得的β-胡萝卜素质量浓度，$\mu g \cdot L^{-1}$；m为胡萝卜样品的质量。

【思考题】

1. 如果色谱柱装填不均匀，对测定结果有何影响？

2. 天然植物色素的常用分离方法有哪些？

实验三十一 钴、镍离子交换分离和配位测定

【实验目的】

1. 学习离子交换分离的原理和操作技术（树脂的预处理、装柱、交换和淋洗）。
2. 了解离子交换分离在定量分析中的应用。

【实验原理】

某些金属离子如 Mn^{2+}、Cu^{2+}、Co^{2+}、Fe^{3+}、Zn^{2+} 在浓盐酸溶液中能形成氯配阴离子，Ni^{2+} 则不形成氯配阴离子。由于各种金属配阴离子稳定性不同，生成配阴离子所需的 Cl^- 浓度也就不同，因而把它们放入阴离子交换柱后，可通过控制不同盐酸浓度的洗脱液淋洗而进行分离。本实验只进行钴、镍分离。当试液为 $9mol\cdot L^{-1}$ 盐酸时，Ni^{2+} 仍带正电荷，不被交换吸附，而 Co^{2+} 形成 $CoCl_4^{2-}$，被交换吸附：

$$2R_4N^+Cl^- + CoCl_4^{2-} \rightleftharpoons (R_4N^+)_2CoCl_4^{2-} + 2Cl^-$$

柱上显蓝色带。用 $9mol\cdot L^{-1}$ HCl 溶液洗脱，Ni^{2+} 首先流出柱，流出液呈淡黄色。接着用 $3mol\cdot L^{-1}$ HCl 溶液洗脱，$CoCl_4^{2-}$ 成为 Co^{2+} 被洗出（因试液中只有钴和镍，故用 $0.01mol\cdot L^{-1}$ HCl 溶液更易洗脱钴），然后分别用配位滴定法测定。

【仪器和试剂】

离子交换柱（可用 25mL 酸式滴定管代替）。

强碱性阴离子交换树脂，$0.02mol\cdot L^{-1}$ 锌标准溶液，$0.025mol\cdot L^{-1}$ EDTA 标准溶液，$0.2g\cdot L^{-1}$ 二甲酚橙溶液，$0.2g\cdot mL^{-1}$ 六亚甲基四胺水溶液（用 $2mol\cdot L^{-1}$ HCl 调制 pH = 5.8），0.1% 的酚酞乙醇溶液，定性鉴定用试剂（1% 丁二酮肟乙醇溶液、KSCN 晶体、丙酮、浓氨水），NaOH 溶液（$6mol\cdot L^{-1}$、$2mol\cdot L^{-1}$），盐酸溶液（$12mol\cdot L^{-1}$、$9mol\cdot L^{-1}$、$6mol\cdot L^{-1}$、$2mol\cdot L^{-1}$、$0.01mol\cdot L^{-1}$）。

$10mg\cdot mL^{-1}$ 镍标准溶液：准确称取 4.048g 分析纯 $NiCl_2\cdot 6H_2O$ 试剂，用 30mL $2mol\cdot L^{-1}$ HCl 溶液溶解，转移入 100mL 容量瓶中，并用 $2mol\cdot L^{-1}$ HCl 溶液稀释至刻度。必要时按实验步骤 4（Ni^{2+} 的测定方法）标定。

$10mg\cdot mL^{-1}$ 钴标准溶液：准确称取 4.036g 分析纯 $CoCl_2\cdot 6H_2O$ 试剂，用 30mL $2mol\cdot L^{-1}$ HCl 溶液溶解，转移入 100mL 容量瓶中并用 $2mol\cdot L^{-1}$ HCl 溶液稀释至刻度。必要时按实验步骤 4（Co^{2+} 的测定方法）标定。

钴镍混合试液：取钴、镍标准溶液等体积混合。

【实验步骤】

1. 交换柱的准备

强碱性阴离子交换树脂先用 $2mol\cdot L^{-1}$ HCl 溶液浸泡 24h，取出树脂用水洗净，继续用 $2mol\cdot L^{-1}$ NaOH 溶液浸泡 2h，然后用去离子水洗至中性，再用 $2mol\cdot L^{-1}$ HCl 溶液浸泡 24h，备用。

取一支 1cm×20cm 的玻璃交换柱或 25mL 酸式滴定管，底部塞以少许玻璃棉，将树脂和水缓慢倒入柱中，树脂柱高约 15cm，上面再铺一层玻璃棉。调节流量约为 $1mL\cdot min^{-1}$，待水面下降近树脂层的上端时（切勿使树脂干固），分次加入 $9mol\cdot L^{-1}$ HCl 溶液 20mL，并以相同流量进入交换柱，使树脂与 $9mol\cdot L^{-1}$ HCl 溶液达到平衡。

2. 制备试液

取钴镍混合试液 2.00mL 于 50mL 小烧杯中，加入 6mL 浓盐酸，使试液中 HCl 溶液浓度为 9mol·L⁻¹。

　　3. 分离

　　将试液小心移入交换柱中进行交换，用 250mL 锥形瓶收集流出液，流量为 0.5mL·min⁻¹。当液面达到树脂相时（注意色带的颜色），用 9mol·L⁻¹ HCl 溶液 20mL 洗脱 Ni^{2+}，开始时用少量 9mol·L⁻¹ HCl 溶液洗涤烧杯，每次 2～3mL，洗涤 3～4 次，洗涤液均倒入交换柱中，以保证试液全部转移入交换柱。然后将其余 9mol·L⁻¹ HCl 溶液分次倒入交换柱。收集流出液以测定 Ni^{2+}。待洗脱近结束时，取 2 滴流出液，用浓氨水碱化，再加 2 滴 1‰ 丁二酮肟乙醇溶液，以检验 Ni^{2+} 是否洗脱完全。

　　继续用 0.01mol·L⁻¹ HCl 溶液 25mL 分五次洗脱 Co^{2+}，流量为 1mL·min⁻¹，收集流出液于另一锥形瓶中以备测定 Co^{2+}（洗脱近结束时，检验 Co^{2+} 是否洗脱完全：取一滴流出液于点滴板上加入数粒 KSCN 晶体，加丙酮，搅拌，若出现蓝色则表示有 Co^{2+}）。

　　4. Ni^{2+}、Co^{2+} 的测定

　　将洗脱 Ni^{2+} 的洗脱液用 6mol·L⁻¹ NaOH 溶液中和至酚酞变红，继续用 6mol·L⁻¹ HCl 溶液调至红色褪去，再过量两滴，此时由于中和发热使溶液温度升高，可将锥形瓶置于流水中冷却。用移液管加入 10.00mL EDTA 标准溶液，加 5mL 六亚甲基四胺溶液，控制溶液的 pH 在 5.5 左右。加两滴二甲酚橙指示剂，溶液应为黄色（若呈紫红或橙红，说明 pH 过高，用 2mol·L⁻¹ HCl 溶液调至刚变黄色），用锌标准溶液回滴过量的 EDTA，终点由黄绿变为紫红色。

　　Co^{2+} 的测定同 Ni^{2+}。

　　根据滴定结果计算钴镍混合试液中各组分的浓度，以 mg·mL⁻¹ 表示。

　　用 2mol·L⁻¹ HCl 溶液 20～30mL 处理交换柱使之再生，或将使用过的树脂回收在一烧杯中，统一进行再生处理。

【思考题】

　　1. 在离子交换分离中，为什么要控制流出液的流量？淋洗液为什么要分次加入？

　　2. 本实验若是微量 Co^{2+} 与大量 Ni^{2+} 的分离，其测定方法有何不同？

　　3. 对于常量的 Co^{2+} 和 Ni^{2+}，若不采用预分离，应如何测定？

实验三十二　海水中微量维生素 B₁₂ 的固相萃取与测定

【实验目的】

　　1. 关注海洋，增强环保意识，了解赤潮的产生和对海洋环境的危害。

　　2. 通过海水样品的维生素的富集，掌握固相萃取的原理和操作技术。

【实验原理】

　　赤潮是一类严重的海洋污染现象。通常认为它与海水中的氮、磷等元素的富营养化有重要关系，但也有人认为海水中水溶性微量维生素 B₁（硫胺素）和 B₁₂（钴维生素）的存在对赤潮的生物生长与繁殖具有一定的促进作用。高效液相色谱法是分析水溶性维生素混合物的有效方法。但通常情况下海水中维生素含量很低（如维生素 B₁₂ 仅为每升纳克级），必须加以适当的浓缩后，才能采用高效液相色谱法测定。

　　固相萃取（SPE）是目前实验室常用的一种微量样品分离富集技术，其原理是利用选择性

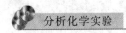

吸附与选择性洗脱的液相色谱分离原理，使液体样品通过一吸附小柱，保留其中某些组分，再用适当的溶剂冲洗杂质，然后用少量溶剂迅速洗脱，从而达到快速分离净化与浓缩的目的。

本实验采用 C_{18} 固相萃取柱富集海水中微量维生素 B_{12}，用反相离子对高效液相色谱测定海水中微量维生素 B_{12} 含量。

【仪器和试剂】

TSP 高压梯度 HPLC 仪：3500-3200 型高压梯度泵，UV-2000 型双波长吸收检测器，Rheodyne7725i 六通进样阀，PC1000 色谱工作站，微量进样器（100μL），CQ-50 超声波除气装置，SGE Exsil ODS（4.6mm×250mm，5μm）色谱柱，针头式 C_{18} 固相萃取柱（天津腾达滤材厂）。

维生素 B_1，维生素 B_{12}，甲醇，二次去离子水。

【实验步骤】

1. 海水样品中维生素的富集

取一支 C_{18} 固相萃取柱，用 5mL 甲醇冲洗进行活化，再用 5mL 蒸馏水冲洗后，才能进行富集。准确量取 100～200mL 洁净海水样品（如果浑浊，先用 0.45μm 滤膜过滤）于烧杯中，分次用注射针筒吸取并注入 C_{18} 预处理小柱，富集海水中的维生素。然后用 5mL 蒸馏水冲洗，再用空气挤掉色谱柱水分。最后用 1.00mL 甲醇洗脱吸附在小柱上的维生素，并用蒸馏水定容 2.00mL，摇匀后用于色谱分析。

用同样方法分别富集其他含有维生素 B_{12} 人工污染的海水样品。

2. 流动相的配制

实验前，配制 30：70（体积比）甲醇-水 400mL，含 0.05mol·L^{-1} KH_2PO_4 流动相。流动相需用 0.45μm 滤膜过滤，并经超声波除气 15min 后使用。

3. 色谱条件试验

色谱柱为 SGE Exsil ODS（4.6mm×250mm，5μm），流动相为甲醇-水（30：70，体积比），含 0.05mol·L^{-1} KH_2PO_4，流速为 0.70mL·min^{-1}，检测波长为 254nm 和 360nm，进样体积为 20μL。

如仪器正常，可进行标准化合物试液分析，得到正确的色谱图，样品组分的出峰顺序维生素 B_1 在前，维生素 B_{12} 在后。如分离不理想，可适当调节试验条件，直到得到良好的分离度和重现性的色谱图为止。观察两个波长的色谱图的差异。为了提高测定的灵敏度，可设定一检测波长-时间程序，同时测定维生素 B_1 和维生素 B_{12}。

4. 工作曲线的绘制

于 6 个 10mL 容量瓶中，分别移入 0.00mL、0.20mL、0.40mL、0.60mL、0.80mL、1.00mL 0.2mg·mL^{-1} 维生素 B_{12} 和维生素 B_1 标准混合液，用二次蒸馏水定容，然后分别进样分析。在确定的实验条件范围内，维生素的浓度均与峰面积呈现良好关系。计算相应的回归方程和相关系数。

5. 海水样品的测定

将富集后的海水样试液直接进样分析，根据保留值定性；根据工作曲线计算实际海水的维生素 B_{12} 含量。由于维生素 B_1 保留时间较靠前，容易受溶剂峰等干扰，定量误差较大。

【注意事项】

1. 维生素 B_{12} 见光容易分解，标准溶液应放在棕色的瓶子里并低温保存。

2. 开启仪器应按操作规程，观察仪器参数是否在设定范围内，待仪器稳定时，方可进行测定。

3．每完成一种试液测定，应用甲醇等溶剂将注射针彻底清洗干净，否则会引起样品残留，影响下一个样品的分析。

4．实验结束后，应按规定清洗仪器后再关机。

【思考题】

1．固相萃取的基本原理是什么？为什么 C_{18} 预处理小柱富集样品前要进行活化？

2．有人认为维生素 B_{12} 在 212nm 有更大的吸收系数，为什么本实验不能采用这一波长检测？为什么 360nm 的色谱图不出现维生素 B_1 的色谱峰？

3．流动相中 KH_2PO_4 的作用是什么？试述反相离子对色谱的分离机制。

第十章 综合实验

实验三十三 水泥熟料全分析

【实验目的】

1. 了解重量法测定水泥熟料中 SiO_2 含量的原理和方法。

2. 进一步掌握配位滴定法的原理，特别是通过控制试液的酸度、温度及选择恰当的掩蔽剂和指示剂等，在铁、铝、钙、镁共存时直接分别测定它们的方法。

3. 掌握配位滴定的几种方法——直接滴定法、返滴定法和差减法，以及这几种测定法中的计算方法。

4. 掌握水浴加热、沉淀、过滤、洗涤、灰化、灼烧等操作技术。

【实验原理】

水泥熟料是调和生料经 1400℃ 以上的高温煅烧而成的。通过熟料分析，可以检验熟料质量和烧成情况的好坏。根据分析结果，可及时调节原料的配比以控制生产。

普通硅酸盐水泥熟料的主要化学成分及其含量的大概范围如下：

主要化学成分	含量范围(质量分数)/%	一般控制范围(质量分数)/%
SiO_2	18~24	20~24
Fe_2O_3	2.0~5.5	3~5
Al_2O_3	4.0~9.5	5~7
CaO	60~68	63~68
MgO	<5	<4.5

对水泥熟料进行全分析也就是对水泥熟料中所含的主要化学成分 SiO_2、Fe_2O_3、Al_2O_3、CaO、MgO 的含量进行分析。

水泥熟料中碱性氧化物占 60% 以上，因此易为酸所分解。水泥熟料中主要为硅酸三钙、硅酸二钙、铝酸三钙和铁铝酸四钙等化合物的混合物，易为酸所分解。当这些化合物与盐酸作用时，生成硅酸和可溶性的氯化物：

$$2CaO \cdot SiO_2 + 4HCl \longrightarrow 2CaCl_2 + H_2SiO_3 + H_2O$$
$$3CaO \cdot SiO_2 + 6HCl \longrightarrow 3CaCl_2 + H_2SiO_3 + 2H_2O$$
$$3CaO \cdot Al_2O_3 + 12HCl \longrightarrow 3CaCl_2 + 2AlCl_3 + 6H_2O$$
$$4CaO \cdot Al_2O_3 \cdot Fe_2O_3 + 20HCl \longrightarrow 4CaCl_2 + 2AlCl_3 + 2FeCl_3 + 10H_2O$$

硅酸是一种很弱的无机酸，在水溶液中绝大部分以溶胶状态存在（分散在水溶液中），其化学式应以 $SiO_2 \cdot nH_2O$ 表示。在用浓酸和加热蒸干等方法处理后，能使绝大部分硅酸水溶胶脱水成水凝胶析出，因此可以利用沉淀分离的方法把硅酸与水泥中的铁、铝、钙、镁等其他组分分开。本实验中以重量法测定 SiO_2 的含量，Fe_2O_3、Al_2O_3、CaO 和 MgO 的含量以 EDTA 配位滴定法测定。

106

在水泥经酸分解后的溶液中，采用加热蒸发近干和加固体氯化铵两种措施，使水溶性胶状硅酸尽可能全部脱水析出。蒸干脱水是将溶液控制在 $100\sim110℃$ 温度下进行的。由于 HCl 的蒸发，硅酸中所含的水分大部分被带走，硅酸水溶液即成为水凝胶析出。由于溶液中的 Fe^{3+}、Al^{3+} 等离子在温度超过 $110℃$ 时易水解生成难溶性的碱式盐，而混在硅酸凝胶中，这样将使 SiO_2 的结果偏高，而 Fe_2O_3、Al_2O_3 等的结果偏低，故加热蒸干宜采用水浴以严格控制温度。

加入固体 NH_4Cl 后，由于 NH_4Cl 的水解，夺取了硅酸中的水分，从而加速了脱水过程，促使含水二氧化硅由较稳定的水溶胶变为不溶于水的水凝胶。反应式如下：

$$NH_4Cl+H_2O \Longrightarrow NH_3 \cdot H_2O+HCl$$

含水硅酸的组成不固定，故沉淀经过滤、洗涤、烘干后，还需经 $950\sim1000℃$ 高温灼烧成固定成分 SiO_2，然后称量，根据沉淀的质量计算 SiO_2 的质量分数。

灼烧时，硅酸凝胶不仅失去吸附水，还进一步失去结合水。脱水过程的变化如下：

$$H_2SiO_3 \cdot H_2O \xrightarrow{110℃} H_2SiO_3 \xrightarrow{950\sim1000℃} SiO_2$$

灼烧所得 SiO_2 沉淀是雪白而又疏松的粉末。如所得沉淀呈灰色、黄色或红棕色，说明沉淀不纯。在要求比较高的测定中，应用氢氟酸-硫酸处理后重新灼烧，此时 SiO_2 变为 SiF_4 挥发逸出，称量，扣除混入杂质的质量。

水泥中的铁、铝、钙、镁等组分以 Fe^{3+}、Al^{3+}、Ca^{2+}、Mg^{2+} 等离子形式存在于过滤沉淀后的滤液中，它们都与 EDTA 形成稳定的配离子。但这些配离子的稳定性有较显著的差别，因此只要控制适当的酸度，就可用 EDTA 分别滴定它们。

铁的测定：溶液酸度控制在 $pH=1.5\sim2.5$，则溶液中共存的 Al^{3+}、Ca^{2+}、Mg^{2+} 等离子不干扰测定。一般以磺基水杨酸或其钠盐为指示剂，其水溶液为无色，在 $pH=1.5\sim2.5$ 时，与 Fe^{3+} 形成的配合物为红紫色。Fe^{3+} 与 EDTA 的配合物是亮黄色，因此终点时溶液由红紫色变为亮黄色。反应一般在 $60\sim70℃$ 条件下进行，其滴定反应式如下。

滴定反应：$Fe^{3+}+H_2Y^{2-} \Longrightarrow \underset{\text{亮黄色}}{FeY^-}+2H^+$

指示剂显色反应：$Fe^{3+}+\underset{\text{无色}}{HIn^-} \Longrightarrow \underset{\text{红紫色}}{FeIn^+}+H^+$

终点时：$\underset{\text{红紫色}}{FeIn^+}+H_2Y^{2-} \Longrightarrow \underset{\text{亮黄色}}{FeY^-}+HIn^-+H^+$

用 EDTA 滴定铁的关键，在于正确控制溶液的 pH 值和掌握适宜的温度。试验表明，溶液的酸度控制得不恰当对测定铁的结果影响很大。在 $pH=1.5$ 时，结果偏低；$pH>3$ 时，Fe^{3+} 开始形成红棕色氢氧化物，往往无滴定终点，共存的 Ti^{4+} 和 Al^{3+} 的影响也显著增加。滴定时溶液的温度以 $60\sim70℃$ 为宜，当温度高于 $75℃$，并有 Al^{3+} 存在时，Al^{3+} 亦可能与 EDTA 配合，使 Fe_2O_3 的测定结果偏高，而 Al_2O_3 的结果偏低。当温度低于 $50℃$ 时，则反应速率缓慢，不易得出准确的终点。

铝的测定：以 PAN 为指示剂的铜盐回滴法是普遍采用的一种测定铝的方法。因为 Al^{3+} 与 EDTA 的配合作用进行得较慢，不宜采用直接滴定法，所以一般先加入过量的 EDTA 溶液，再调节 pH 为 4.3，并加热煮沸，使得 Al^{3+} 与 EDTA 充分反应，然后以 PAN 为指示剂，用 $CuSO_4$ 标准溶液滴定溶液中过量的 EDTA。

Al-EDTA 配合物是无色的，而 Cu-EDTA 配合物是淡蓝色的，PAN 指示剂在 pH 为 4.3 的条件下是黄色的，所以滴定开始前溶液是黄色的。随着 $CuSO_4$ 标准溶液的加入，Cu^{2+} 不断地与过量的 EDTA 生成 Cu-EDTA 配合物，溶液逐渐由黄色变为绿色。在过量的 EDTA 与 Cu^{2+} 完全反应后，继续加入 $CuSO_4$，过量的 Cu^{2+} 即与 PAN 配合生成深红色配合物，由于溶液中存在蓝色的 Cu-EDTA，而使终点由绿色转为紫色。滴定过程的反应式如下。

滴定反应：$Al^{3+} + H_2Y^{2-} \Longrightarrow AlY^- + 2H^+$

用铜盐返滴过量 EDTA：$H_2Y^{2-} + Cu^{2+} \Longrightarrow CuY^{2-} + 2H^+$
$$\text{蓝色}$$

终点时变色反应：$Cu^{2+} + PAN \longrightarrow Cu\text{-}PAN$
$$\text{黄色} \quad\quad \text{深红色}$$

这里需要注意的是，溶液中存在三种有色物质，而它们的浓度又在不断变化，溶液的颜色取决于三种有色物质的相对浓度，因此终点颜色的变化比较复杂。终点是否敏锐，关键是 Cu-EDTA 配合物浓度的大小。终点时，Cu-EDTA 的量等于加入的过量的 EDTA 的量。一般来说，在 100mL 溶液中加入的 EDTA 标准溶液（浓度约为 $0.015mol \cdot L^{-1}$）以过量 10mL 为宜。在这种情况下，实际观察到的终点颜色为紫红色。

Ca^{2+} 的测定：在 $pH \geqslant 12$ 时，Ca^{2+} 能与 EDTA 形成稳定的配离子，与之共存的 Mg^{2+} 形成 $Mg(OH)_2$ 沉淀而被掩蔽，不仅不干扰 Ca^{2+} 的测定，而且使终点比 Ca^{2+} 单独存在时更敏锐。在调节 pH 时，一般采用 NaOH 进行调节。Fe^{3+}、Al^{3+} 的干扰用三乙醇胺消除。用于 EDTA 滴定 Ca^{2+} 的指示剂较多，本实验采用钙指示剂，在 $pH > 12$ 时，钙指示剂与 Ca^{2+} 配位后呈酒红色，随着 EDTA 标准溶液的不断加入，钙指示剂不断被游离出来，在与 Mg^{2+} 共存的条件下，溶液呈纯蓝色，即为滴定终点。

Mg^{2+} 的测定：镁的含量是采用差减法求得的。即在另一份试液中，于 $pH = 10$ 时用 EDTA 标准溶液滴定钙、镁含量，再从钙、镁含量中减去钙量后，即为镁的含量。

测定钙、镁含量时，常用的指示剂是铬黑-T 和酸性铬蓝 K-萘酚绿 B 混合指示剂（K-B 指示剂），铬黑 T 易受某些金属离子所封闭，所以采用 K-B 指示剂作为 EDTA 滴定钙、镁含量的指示剂。Fe^{3+} 的干扰需要用三乙醇胺和酒石酸钾钠联合掩蔽，这是因为三乙醇胺与 Fe^{3+} 生成的配合物能破坏酸性铬蓝 K 指示剂，使萘酚绿 B 的绿色背景加深，易使终点提前到达。当溶液中酒石酸钾钠与三乙醇胺一起对 Fe^{3+} 进行掩蔽时，上述现象可以消除，Al^{3+} 的干扰也能由三乙醇胺和酒石酸钾钠进行掩蔽，此法滴定终点时溶液呈纯蓝色。

【仪器和试剂】

电子天平，托盘天平，酸式滴定管（50mL），试剂瓶（500mL），移液管（25mL），容量瓶（250mL），洗瓶，量筒（10mL、100mL），滴定台，洗耳球，锥形瓶（250mL），蒸发皿（150mL），表面皿，玻璃棒，瓷坩埚，高温炉，电炉，干燥器，烧杯（50mL、400mL），中速定量滤纸，胶头淀帚，试管，精密 pH 试纸。

水泥熟料，固体 NH_4Cl，浓 HCl，浓 HNO_3，（3+97）稀盐酸，$2mol \cdot L^{-1}$ HNO_3，$AgNO_3$ 溶液，0.05% 溴甲酚绿指示剂，（1:1）氨水，（1:1）HCl 溶液，$100g \cdot L^{-1}$ 磺基水杨酸，$0.015mol \cdot L^{-1}$ EDTA 标准溶液，$pH = 4.3$ 的 HOAc-NaOAc 缓冲液，0.2%PAN 指示剂，$CuSO_4$ 标准溶液，（1:1）三乙醇胺溶液，NaOH 溶液，固体钙指示剂，10% 酒石酸钾钠溶液，$pH = 10$ 的 NH_3-NH_4Cl 缓冲溶液，K-B 指示剂。

【实验步骤】

1. SiO_2 的测定

准确称取试样 0.5g 左右，置于干燥的 50mL 烧杯（或 100～150mL 瓷蒸发皿）中，加 2g 固体 NH_4Cl，用平头玻璃棒混合均匀。滴加 3mL 浓 HCl 和 1 滴浓 HNO_3，充分搅拌均匀，使所有深灰色试样变为淡黄色糊状物。小心压碎块状物，盖上表面皿，将烧杯置于沸水浴上，加热蒸发至近干（约需 10～15min）（想想为什么要蒸发近干?），取下，加 10mL 热的稀盐酸（3∶97），搅拌，使可溶性盐类溶解，以中速定量滤纸过滤，用胶头淀帚以热的（3∶97）稀盐酸擦洗玻璃棒及烧杯，并洗涤沉淀至洗涤液中不含 Cl^- 为止。Cl^- 可用 $AgNO_3$ 溶液检验（检查方法：用表面皿接滤液 1～2 滴，加 1 滴 $2mol \cdot L^{-1} HNO_3$ 酸化，加入 2 滴 $AgNO_3$，若无白色浑浊产生，表示 Cl^- 已洗干净）。滤液及洗涤液保存在 250mL 容量瓶中，并用水稀释至刻度，摇匀，供测定 Fe^{3+}、Al^{3+}、Ca^{2+}、Mg^{2+} 等离子含量使用。

将沉淀和滤纸转移至已称至恒重的瓷坩埚中，先在电炉上低温烘干（为什么?），再升高温度使滤纸充分灰化，然后在 950～1000℃ 的高温炉内灼烧 30min。取出，稍冷，再移置于干燥器中，冷却至室温（约需 15～40min），称量。如此反复灼烧，直至恒重。

2. Fe^{3+} 的测定

准确吸取分离 SiO_2 后的滤液 50mL，置于 400mL 烧杯中，加 2 滴 0.05% 溴甲酚绿指示剂（溴甲酚绿指示剂在 pH 小于 3.8 时呈黄色，大于 5.4 时呈绿色），此时溶液呈黄色。逐滴滴加（1∶1）氨水，使之成绿色。然后用（1∶1）HCl 溶液调节溶液酸度，呈黄色后再过量 3 滴，此时溶液酸度约为 2。加热至约 70℃ 取下，加 10 滴 $100g \cdot L^{-1}$ 磺基水杨酸，以 $0.015mol \cdot L^{-1}$ EDTA 标准溶液滴定。滴定开始时溶液呈红紫色，此时滴定速度宜稍快些，当溶液开始呈淡红紫色时，滴定速度放慢，一定要每加一滴，摇匀，并观察现象，然后再加一滴，必要时加热，直至滴到溶液变为亮黄色，即为终点。记下消耗 EDTA 标准溶液的体积，测定 Fe^{3+} 后的溶液供测定 Al^{3+} 使用。

3. Al^{3+} 的测定

在滴定 Fe^{3+} 后的溶液中加入 $0.015mol \cdot L^{-1}$ EDTA 标准溶液约 20mL，记下读数，然后用水稀释至 200mL，用玻璃棒搅拌均匀。然后加入 15mL pH=4.3 的 HOAc-NaOAc 缓冲液，以精密 pH 试纸检查。煮沸 1～2min，取下，冷却至 90℃ 左右，加 4 滴 0.2% PAN 指示剂，以 $0.015mol \cdot L^{-1}$ EDTA 标准溶液滴定。开始时溶液呈黄色，随着 $CuSO_4$ 标准溶液的加入，溶液颜色逐渐变绿并逐渐加深，出现由蓝绿色变为灰绿色的过程，在灰绿色溶液中再滴加 1 滴 $CuSO_4$ 标准溶液，灰绿色溶液即变为亮紫色，即为滴定终点。记下消耗 EDTA 标准溶液的体积。

4. Ca^{2+} 的测定

准确吸取分离 SiO_2 后的滤液 25mL，置于 250mL 锥形瓶中，加水稀释至约 50mL，加 4mL（1∶1）三乙醇胺溶液，充分搅拌均匀后，再加 5mL NaOH 溶液，充分摇匀，加入约 0.01g 固体钙指示剂（用药勺小头取一点），此时溶液呈酒红色。然后以 $0.015mol \cdot L^{-1}$ EDTA 标准溶液滴定至溶液呈蓝色，即为滴定终点。记下消耗 EDTA 标准溶液的体积。

5. Mg^{2+} 的测定

准确吸取分离 SiO_2 后的滤液 25mL，置于 250mL 锥形瓶中，加水稀释至约 50mL，加 1mL 10% 酒石酸钾钠溶液和 4mL（1∶1）三乙醇胺溶液，搅拌 1min，使之充分混合均匀，再加入 8mL pH=10 的 NH_3-NH_4Cl 缓冲溶液，再摇匀，然后加入适量的 K-B 指示剂，以 $0.015mol \cdot L^{-1}$ EDTA 标准溶液滴定至溶液呈蓝色，即为滴定终点。记下消耗 EDTA 标准溶液的体积，根据此结果计算所得的是钙、镁的合量，由此减去钙量，即为镁的含量。

【注意事项】

1. 测定 SiO_2 时加入浓硝酸的目的是使得铁全部以三价状态存在。

2. 测定 SiO_2 时以热的稀盐酸溶解残渣是为了防止三价铁离子和三价铝离子水解成氢氧化物沉淀而混在硅酸中，以及防止硅酸胶溶。

3. SiO_2 沉淀也可以放在电炉上干燥后，直接送入高温炉灰化，而将高温炉的温度由低温（例如 100～200℃）渐渐升高。

4. 测定 Fe^{3+} 时，分离 SiO_2 后的滤液要节约使用（例如清洗移液管时，取用少量此溶液，最好用干燥的移液管），尽可能多保留一些溶液，以便必要时用以进行重复滴定。

5. 测定 Fe^{3+} 时溴甲酚绿不宜多加，如果加多了，黄色的底色深，在铁的滴定中，对准确观察终点的颜色变化有影响。

6. 测定 Fe^{3+} 时注意防止剧沸，否则三价铁离子会水解形成氢氧化铁，使实验失败。

7. Fe^{3+} 与 EDTA 的配位反应进行较慢，故最好加热以加速反应。滴定慢，溶液温度降低，不利于反应。但是如果滴得太快，使得反应来不及进行，又容易滴过终点。较好的办法是开始时滴定速度稍快（注意也不能很快），至化学计量点时放慢。

8. 测定 Al^{3+} 时，根据试样中 Al_2O_3 的大致含量进行粗略计算。加入 20mL EDTA 标准溶液，约过量 10mL。

9. Al^{3+} 在酸度不高时，将水解生成一系列多核氢氧基配合物，如 $[Al_2(H_2O)_6(OH)_3]^{3+}$、$[Al_3(H_2O)_6(OH)_3]^{3+}$ 等，在 pH=4.3 的溶液中可能形成氢氧化铝沉淀，Al^{3+} 的多核配合物与 EDTA 反应缓慢，配位不稳定，因此必须先加入 EDTA 标准溶液，再加入 HOAc-NaOAc(pH=4.3) 缓冲液，并加热煮沸 1～2min，这样溶液的 pH 达到 4.3 之前，大部分 Al^{3+} 已经和 EDTA 配位形成 Al-EDTA 配合物，从而避免其发生水解而形成沉淀。

10. 滴定 Fe^{3+} 时应保持温度在 60℃以上，温度太低，需要过量的 EDTA 才能使磺基水杨酸起变化，即使在 60℃以上滴定，在接近终点时仍需剧烈摇动并缓慢滴定，否则易使结果偏高。

11. EDTA 滴定 Fe^{3+} 时，溶液允许的最高酸度为 pH=1.5，若 pH<1.5 时，配位不完全，结果偏低。pH>3 时，Al^{3+} 有干扰，使结果偏高。一般滴定 Fe^{3+} 时的 pH 应控制在 1.5～2.5 之间。

12. SiO_2、Fe_2O_3、Al_2O_3、CaO、MgO 是水泥熟料的主要成分，其总和很高，但是不可能是 100%。因为水泥熟料中还可能含有 MnO、TiO_2、K_2O、Na_2O、SO_3、烧失量和酸不溶物等，如果总和超过 100%，这是不合理的，应分析原因。

【数据处理】

1. 称取水泥熟料试样的质量：$m =$ _____ g

2. 实验结果

SiO_2 含量（w）的测定

项　目	第一次称量/g	第二次称量/g	……	恒重时质量/g
瓷坩埚质量/g				
瓷坩埚+SiO_2 质量/g				
SiO_2 质量/g				
$w(SiO_2)$/%				

Fe₂O₃、Al₂O₃ 含量（w）的测定

项　　目	I	II	III
V(试液)/mL			
EDTA 终读数/mL			
EDTA 初读数/mL			
V(EDTA)/mL			
w(Fe₂O₃)/%			
$\overline{w}$(Fe₂O₃)/%			
个别偏差			
平均偏差			
相对平均偏差/%			
CuSO₄ 终读数/mL			
CuSO₄ 初读数/mL			
V_1(EDTA)/mL			
w(Al₂O₃)/%			
$\overline{w}$(Al₂O₃)/%			
个别偏差			
平均偏差			
相对平均偏差/%			

CaO 和 MgO 含量（w）的测定

项　　目	I	II	III
V(试液)/mL			
EDTA 终读数/mL			
EDTA 初读数/mL			
V_1(EDTA)/mL			
w(CaO)/%			
$\overline{w}$(CaO)/%			
个别偏差			
平均偏差			
相对平均偏差/%			
EDTA 终读数/mL			
EDTA 初读数/mL			
V_2(EDTA)/mL			
V_2(EDTA)$-V_1$(EDTA)/mL			
w(MgO)/%			
$\overline{w}$(MgO)/%			
个别偏差			
平均偏差			
相对平均偏差/%			

【思考题】

1. 如何分解水泥熟料试样？分解时的化学反应是什么？分解后被测组分以什么形式存在？

2. 本实验测定 SiO_2、Fe_2O_3、Al_2O_3、CaO、MgO 含量分别采用什么方法？其原理是什么？

3. 洗涤沉淀的操作应注意什么？怎样提高洗涤的效果？

4. 滴定 Fe^{3+} 时，Al^{3+}、Ca^{2+}、Mg^{2+} 等的干扰采用什么方法消除？为什么？

5. 滴定 Fe^{3+}、Al^{3+} 时，各应控制什么样的温度范围？为什么？

6. 测定 Ca^{2+}、Mg^{2+} 含量时，如果 pH＞10，对测定结果有什么影响？

7. 测定 Al^{3+}，为什么要注意 EDTA 的加入量？以加入多少为宜？

8. 在测定 Ca^{2+} 含量时，为什么要在加入 NaOH 溶液之前先加入三乙醇胺？

实验三十四 海盐的提纯及含量分析

【实验目的】

1. 了解用化学方法提纯海盐的原理和过程。

2. 了解 Ca^{2+}、Mg^{2+}、SO_4^{2-} 等离子的定性鉴定，NaCl 定量测定的方法。

3. 掌握溶解、过滤、蒸发、结晶、干燥、滴定等基本操作。

4. 掌握莫尔法的实际应用。

【实验原理】

食盐是人们生活中不可缺少的调味品，尤其是副食品加工中重要的辅料。食盐因其来源不同可分为海盐、湖盐、井盐和岩盐（又叫矿盐），我国的食盐以海盐为主。海盐（大颗粒原盐）即粗食盐，其中含有不溶性和可溶性的杂质（如泥沙和 K^+、Mg^{2+}、SO_4^{2-}、Ca^{2+} 离子等）。不溶性的杂质可通过溶解、过滤的方法除去；可溶性的杂质则是向粗食盐的溶液中加入能与杂质离子作用的盐类，使其生成沉淀后过滤以除去。对 K^+，KCl 溶解度大于 NaCl，且含量少，蒸发浓缩后，NaCl 呈晶体析出，而 KCl 仍然以溶液形式存在于母液中，经过抽滤后分离，可得纯净的 NaCl 晶体。

先加入稍过量的 $BaCl_2$ 溶液，使溶液中的 SO_4^{2-} 转化为沉淀：

$$Ba^{2+} + SO_4^{2-} = BaSO_4 \downarrow（白色）$$

然后过滤除去 $BaSO_4$ 沉淀，向母液中加入 NaOH 和 Na_2CO_3 溶液，Ca^{2+}、Mg^{2+} 及过量的 Ba^{2+} 都生成沉淀：

$$Ca^{2+} + CO_3^{2-} = CaCO_3 \downarrow（白色）$$

$$Ba^{2+} + CO_3^{2-} = BaCO_3 \downarrow（白色）$$

$$2Mg^{2+} + 2OH^- + CO_3^{2-} = Mg_2(OH)_2CO_3 \downarrow（白色）$$

过滤后，溶液中的 Ca^{2+}、Mg^{2+} 和 Ba^{2+} 都已除去，滤液中过量的 NaOH 和 Na_2CO_3 用盐酸中和：

$$OH^- + H^+ = H_2O$$

$$CO_3^{2-} + 2H^+ = CO_2 \uparrow + H_2O$$

氯化钠含量分析采用莫尔法。在中性或弱碱性条件下，用 $AgNO_3$ 标准溶液来测定 Cl^- 的含量，其反应如下：

$$Ag^+ + Cl^- \Longrightarrow AgCl \downarrow （白色）$$

滴定过程中，AgCl 先沉淀出来，微过量的 $AgNO_3$ 溶液与 K_2CrO_4 生成砖红色的 Ag_2CrO_4 沉淀，从而指示出滴定终点。

$$2Ag^+ + CrO_4^{2-} \Longrightarrow Ag_2CrO_4 \downarrow （砖红色）$$

【仪器和试剂】

烧杯（150mL），量筒（10mL、100mL），玻璃棒，酒精灯，铁三脚架，石棉网，蒸发皿，漏斗架，普通漏斗，抽滤瓶，布氏漏斗，试管（10mL），酸式滴定管（50mL），三角瓶（250mL），移液管（25mL），托盘天平，电子天平。

$1mol \cdot L^{-1}$ $BaCl_2$，$2mol \cdot L^{-1}$ NaOH，$1mol \cdot L^{-1}$ Na_2CO_3，$2mol \cdot L^{-1}$ HCl，$0.5mol \cdot L^{-1}$ $(NH_4)_2C_2O_4$，镁试剂，pH 试纸，$0.1mol \cdot L^{-1}$ $AgNO_3$，5% K_2CrO_4。

【实验步骤】

1. 粗食盐提纯

(1) 在台秤上称取 5g 海盐，放入小烧杯中，加 30mL 水，用玻璃棒搅拌，并加热使其溶解。继续加热至微沸，一边搅拌一边逐滴加入 $1mol \cdot L^{-1} BaCl_2$ 溶液，直至 SO_4^{2-} 完全形成沉淀（大约 2mL），继续加热 5min，使 $BaSO_4$ 颗粒长大而易于沉淀和过滤。为了检验 SO_4^{2-} 沉淀是否完全，可将烧杯从石棉网上取下，待沉淀沉降后，沿烧杯壁加 1～2 滴 $BaCl_2$ 溶液，观察上层清液中是否有浑浊现象，如无浑浊，说明已沉淀完全；如仍有浑浊，则需继续滴加 $BaCl_2$ 溶液，直至沉淀完全为止。沉淀完全后，继续加热 5min，冷却，抽滤，将不溶性杂质和沉淀一起过滤掉。

(2) 将滤液转移至另一干净的小烧杯中，加入 1mL $2mol \cdot L^{-1}$ NaOH 和 3mL $1mol \cdot L^{-1}$ Na_2CO_3 溶液，加热至沸腾，从石棉网上取下，静置，待沉淀沉降后，在上层清液中滴加 $1mol \cdot L^{-1}$ Na_2CO_3 溶液直至不再产生沉淀为止，冷却，抽滤。

(3) 在滤液中逐滴加入 $2mol \cdot L^{-1}$ HCl 溶液，并用试纸测试，直到溶液呈现微酸性（pH＝6.0）为止。

(4) 将滤液导入蒸发皿中，加热蒸发，浓缩至糊状的稠液为止（切不可将溶液蒸干）。

(5) 冷却后，抽滤（尽量将结晶抽干）。将结晶转移至蒸发皿中，在泥三角上用小火烘干（边烘边用玻璃棒翻炒以免烤煳）。

(6) 待结晶冷却后，称量，计算产率。

2. 产品纯度的检验

取粗盐和精盐各 0.5g，分别溶于 10mL 蒸馏水中，分别盛于三支小试管中，组成三组，对照检验其纯度。

(1) SO_4^{2-} 的检验　第一组溶液分别加入 2 滴 $1mol \cdot L^{-1}$ $BaCl_2$，再滴 1 滴 $6mol \cdot L^{-1}$ HCl，观察（在提出后的溶液中应无 $BaCO_3$ 沉淀产生）。

(2) Ca^{2+} 的检验　在第二组溶液中分别加入 2 滴 $6mol \cdot L^{-1}$ HAc，再加入 5 滴饱和的 $(NH_4)_2C_2O_4$ 溶液，观察（在提出后的溶液中应无 CaC_2O_4 沉淀产生）。

(3) Mg^{2+} 的检验　在第三组溶液中分别加入 5 滴 $6mol \cdot L^{-1}$ NaOH，再加入 2 滴镁试剂，观察。粗盐天蓝色，精盐紫红色。

3. 产品 NaCl 含量的测定

准确称取 1.8～2.0g（准确至 0.0001g）氯化钠试样置于烧杯中，加水溶解定容于 250mL 容量瓶中，摇匀。

用移液管准确移取 25.00mL NaCl 试液于 250mL 三角瓶中，加入 25mL 蒸馏水和 1mL

5％ K_2CrO_4，在不断摇动下，用 $AgNO_3$ 标准溶液滴定至溶液呈现砖红色沉淀即为终点。

根据试样的质量和滴定中消耗 $AgNO_3$ 的体积，计算试样中 Cl^- 的含量。

$$w(Cl) = \frac{c(AgNO_3)V(AgNO_3)M(Cl) \times 10^{-3}}{m_s \times \dfrac{25.00}{250.0}} \times 100\%$$

【数据处理】

1. 产率计算　　　　　　　$产率 = \dfrac{m_{精盐}}{m_{粗盐}} \times 100\%$

2. 称量数据

项　　目	数　　据
NaCl 和称量瓶质量 m_1/g	
倾倒后 NaCl 和称量瓶质量 m_2/g	
NaCl 质量 m/g	

3. 滴定数据

测 定 次 数	I	II
$AgNO_3$ 终读数/mL		
$AgNO_3$ 初读数/mL		
$V(AgNO_3)/mL$		
$w(Cl^-)/\%$		
$w(Cl^-)$ 含量平均值/％		
相对偏差		

【注意事项】

1. 注意抽滤装置的正确使用方法。

2. 转移样品时对玻璃棒和烧杯用水冲洗时，一定要少用。

3. 在加热之前，一定要先加盐酸使溶液的 pH＜7，而不用其他酸。

4. 在蒸发过程中要用玻璃棒搅拌蒸发液，防止局部受热。

5. 最后在干燥时不可以将溶液蒸干。

6. 食盐的理化指标

项　　目		指　　标
氯化钠(以干基计)/％		≥97
水不溶物/％	普通盐	≤0.4
	精制盐	≤0.1
硫酸盐(以 SO_4^{2-} 计)/％		≤0.2
氟(以 F 计)/mg·kg^{-1}		≤2.5
镁/％		≤0.5
钡 (以 Ba 计) /mg·kg^{-1}		≤15
砷 (以 As 计) /mg·kg^{-1}		≤0.5
铅 (以 Pb 计) /mg·kg^{-1}		≤1
食品添加剂		按 GB 2760 规定
碘化钾、碘酸钾 (以碘计) /mg·kg^{-1}		按 GB 14880 规定

7. NaCl 溶液保持在 35℃ 以上结晶时，KCl 不析出；如果温度低于 35℃，KCl 将先析出。

8. 镁试剂的配制：溶解 0.001g 对硝基苯偶氮-间苯二酚于 100mL NaOH 溶液中。

【思考题】

1. 在除 Ca^{2+}、Mg^{2+}、SO_4^{2-} 等离子时，为什么要先加 $BaCl_2$ 溶液，后加 Na_2CO_3 溶液？能否先加 Na_2CO_3 溶液？

2. 过量的 CO_3^{2-}、OH^- 能否用硫酸或硝酸中和？HCl 加多了可否用 KOH 调回？

3. 加入沉淀剂除 SO_4^{2-}、Ca^{2+}、Mg^{2+}、Ba^{2+} 时，为何要加热？

4. 在滴定过程中，若不充分摇动，对测定结果有何影响？

实验三十五　邻二氮菲分光光度法测定植株中的铁含量

【实验目的】

1. 进一步学习分光光度法的使用。

2. 学会实际样品的处理。

【实验原理】

邻二氮菲（phen）和 Fe^{2+} 在 pH 3～9 的溶液中，生成一种稳定的橙红色配合物 $Fe(phen)_3^{2+}$，其 $\lg K = 21.3$，$\kappa_{508} = 1.1 \times 10^4 L \cdot mol^{-1} \cdot cm^{-1}$，铁含量在 0.1～6μg·$mL^{-1}$ 范围内遵守比尔定律。其吸收曲线如图 10-1 所示。显色前需用盐酸羟胺或抗坏血酸将 Fe^{3+} 全部还原为 Fe^{2+}，然后再加入邻二氮菲，并调节溶液酸度至适宜的显色酸度范围。有关反应如下：

$$2Fe^{3+} + 2NH_2OH \cdot HCl \Longrightarrow 2Fe^{2+} + N_2 \uparrow + 2H_2O + 4H^+ + 2Cl^-$$

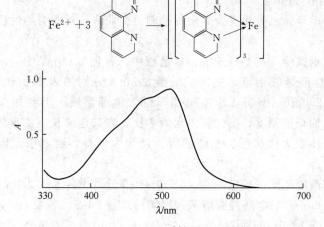

图 10-1　$Fe(phen)_3^{2+}$ 的吸收曲线

用分光光度法测定物质的含量，一般采用标准曲线法，即配制一系列浓度标准溶液，在实验条件下依次测量各标准溶液的吸光度（A），以溶液的浓度为横坐标，相应的吸光度为纵坐标，绘制标准曲线。在同样实验条件下，测定待测溶液的吸光度，根据测得吸光度值从标准曲线上查出相应的浓度值，即可计算试样中被测物质的质量浓度。

【仪器和试剂】

721 型或 722 型分光光度计，石英蒸发皿，马弗炉，恒温水浴锅，恒温干燥箱，可调电炉，电热板，电子分析天平，捣碎机。

0.1g·L^{-1}铁标准贮备液［准确称取 0.7020g NH$_4$Fe(SO$_4$)$_2$·6H$_2$O 置于烧杯中，加少量水和 20mL（1∶1）H$_2$SO$_4$ 溶液，溶解后，定量转移到 1L 容量瓶中，用水稀释至刻度，摇匀］，10mg·L^{-1}铁标准溶液，100g·L^{-1}盐酸羟胺水溶液（用时现配），1.5g·L^{-1}邻二氮菲水溶液，1.0mol·L^{-1}乙酸钠溶液，0.1mol·L^{-1}氢氧化钠溶液，浓 HCl。

【实验步骤】

1. 样品的预处理

将样品秸秆（如玉米）捣碎后经过 70～80℃烘干，粉碎过 40 目筛，准确称取 4～5g 置于蒸发皿中，放入 105～120℃烘箱内，蒸发干燥后，再转入电炉上低温炭化（约 200℃）直到停止冒烟，完全变黑。将炭化的样品转入马弗炉在 525℃左右灰化 3h，直到残渣呈灰白色。将灰化后的样品加入 1mL HCl（浓），加水 10mL，放入 80℃烘箱内 30min，冷却后转移定容于 50mL 容量瓶备用。

2. 条件试验

（1）吸收曲线的绘制　准确移取 10mg·L^{-1}铁标准液 0.80mL 于 50mL 容量瓶中，加入 1mL 100g·L^{-1}盐酸羟胺溶液，摇匀后放置 2min，再各加入 2mL 1.5g·L^{-1}邻二氮菲溶液，5mL 1.0mol·L^{-1}乙酸钠溶液，以水稀释至刻度，摇匀备用。

在分光光度计上，用 1cm 吸收池，以水为参比，在 440～560nm 之间，每隔 10nm 测定一次溶液的吸光度 A，以波长为横坐标，吸光度为纵坐标，绘制吸收曲线，从而选择测定铁的最大吸收波长。

（2）配合物稳定性的研究　采用上述实验中所确定的最大吸收波长作为实验中测定波长，按（1）配制溶液，加入显色剂后计时，每放置一段时间测量一次溶液的吸光度。放置时间：5min，10min，30min，1h，2h，3h。

以放置时间为横坐标、吸光度为纵坐标绘制 A-t 曲线，对配合物的稳定性作出判断，求出适宜的显色时间。

（3）显色剂用量试验　在 7 只 50mL 容量瓶中，各加 1.00mL 10mg·L^{-1}铁标准溶液和 1.0mL 100g·L^{-1}盐酸羟胺溶液，摇匀后放置 2min。分别加入 0.2mL、0.4mL、0.6mL、0.8mL、1.0mL、2.0mL、4.0mL、1.5g·L^{-1}邻二氮菲溶液，再各加 5.0mL 1.0mol·L^{-1}乙酸钠溶液，以水稀释至刻度，摇匀。以水为参比，在选定波长下测量各溶液的吸光度。以显色剂邻二氮菲的体积为横坐标、相应的吸光度为纵坐标，绘制吸光度-显色剂用量曲线，确定显色剂的用量。

（4）溶液适宜酸度范围的确定　在 9 只 50mL 容量瓶中各加 2.0mL 10mg·L^{-1}铁标准溶液和 1.0mL 100mol·L^{-1}盐酸羟胺溶液，摇匀后放置 2min。各加 2mL 1.5g·L^{-1}邻二氮菲溶液，然后从滴定管中分别加入 0.00mL、2.00mL、5.00mL、8.00mL、10.00mL、20.00mL、25.00mL、30.00mL、40.00mL 0.1mol·L^{-1}NaOH 溶液，以水稀释至刻度，摇匀。用精密 pH 试纸或 pH 酸度计测量各溶液的 pH。以水为参比，在选定波长下，用 1cm 吸收池测量各溶液的吸光度。绘制 A-pH 曲线，确定适宜的 pH 范围。

3. 铁含量测定

（1）标准曲线的测绘　在序号为 1～6 的 6 只 50mL 容量瓶中，用吸量管分别加入 0.00mL、0.20mL、0.40mL、0.60mL、0.80mL、1.0mL 铁标准溶液（含铁 10mg·L^{-1}），分别加入 1mL 100g·L^{-1}盐酸羟胺溶液，摇匀后放置 2min，再各加入 2mL 1.5g·L^{-1}邻二氮

菲溶液、5mL 1.0mol·L⁻¹乙酸钠溶液，以水稀释至刻度，摇匀。在分光光度计，用1cm吸收池，在最大吸收波长处测量，绘制标准曲线。

（2）样品铁含量的测定 移取试样溶液10.00mL，按标准曲线实验条件显色后定容于50mL容量瓶，以标准曲线实验1号溶液为参比，在相同条件下测量吸光度，由标准曲线计算试样中中铁的质量浓度。

注：样品铁含量的测定显色反应宜与标准曲线绘制实验溶液配制同时进行。

【思考题】

1. 用邻二氮菲测定铁时，为什么加入盐酸羟胺要等一定时间才能进行实验？

2. 在显色反应中哪些试剂加入的量必须准确，哪些必须过量？

3. 在有关条件实验中，均以水为参比，为什么在测绘标准曲线和测定试液时，要以试剂空白溶液为参比？

实验三十六 草酸根合铁(Ⅲ)酸钾的制备及其组成的确定

【实验目的】

1. 掌握合成 $K_3[Fe(C_2O_4)_3]·3H_2O$ 的基本原理和操作技术。

2. 掌握测定 $K_3[Fe(C_2O_4)_3]·3H_2O$ 组成的分析原理和操作方法。

3. 了解 $K_3[Fe(C_2O_4)_3]·3H_2O$ 的光学性质及用途。

【实验原理】

三草酸合铁(Ⅲ)酸钾是一种很好的有机反应催化剂，也是制备负载型活性铁催化剂的主要原料，具有工业生产价值。三草酸合铁(Ⅲ)酸钾有多种合成方法，本实验以硫酸亚铁铵为原料，与草酸在酸性溶液中先制得草酸亚铁沉淀，然后再用草酸亚铁在草酸钾和草酸的存在下，以过氧化氢为氧化剂，得到草酸铁(Ⅲ)配合物。主要反应为：

$(NH_4)_2Fe(SO_4)_2 + H_2C_2O_4 + 2H_2O == FeC_2O_4·2H_2O↓ + (NH_4)_2SO_4 + H_2SO_4$

$6(FeC_2O_4·2H_2O) + 6K_2C_2O_4 + 3H_2O_2 == 4\{K_3[Fe(C_2O_4)_3]·3H_2O\} + 2Fe(OH)_3$

$2Fe(OH)_3 + 3H_2C_2O_4 + 3K_2C_2O_4 == 2\{K_3[Fe(C_2O_4)_3]·3H_2O\}$

反应总式为：

$2(FeC_2O_4·2H_2O) + H_2O_2 + 3K_2C_2O_4 + H_2C_2O_4 == 2\{K_3[Fe(C_2O_4)_3]·3H_2O\}$

产物结晶为 $K_3[Fe(C_2O_4)_3]·3H_2O$ 绿色单斜晶体，溶于水，难溶于乙醇，通过蒸发浓缩（或加入无水乙醇）冷却结晶得到晶体（溶解度0℃ 4.7g，100℃ 117.7g）。110℃失去结晶水，230℃分解。该配合物是光敏物质，可以作为化学光量计。在日光直照或强光下变为黄色，分解成草酸亚铁，遇铁氰化钾则反应生成滕氏蓝。在实验室中可用三草酸合铁(Ⅲ)酸钾作为感光纸，进行感光实验。

$2K_3[Fe(C_2O_4)_3] == 2FeC_2O_4 + 3K_2C_2O_4 + 2CO_2$

$3FeC_2O_4 + 2K_3[Fe(CN)_6] == Fe_3[Fe(CN)_6]_2 + 3K_2C_2O_4$

通过化学分析法（重量法和滴定分析法）确定配离子的组成：

（1）用重量法测定结晶水含量 将一定量产物在110℃下干燥，根据失重可以计算结晶水含量。

（2）用高锰酸钾法测定草酸根含量 样品用稀硫酸溶解，用高锰酸钾标准溶液滴定试样中的 $C_2O_4^{2-}$，此时 Fe^{3+} 不干扰测定。

117

$$5C_2O_4^{2-}+2MnO_4^-+16H^+ \rightleftharpoons 2Mn^{2+}+10CO_2+8H_2O$$

（3）用高锰酸钾法测定铁含量　Zn 粉还原 Fe^{3+} 为 Fe^{2+}，过滤除去过量的锌粉，然后用 $KMnO_4$ 标准溶液滴定 Fe^{2+}。

$$MnO_4^-+5Fe^{2+}+8H^+ \rightleftharpoons 5Fe^{3+}+Mn^{2+}+4H_2O$$

（4）确定钾含量　根据配合物中结晶水、$C_2O_4^{2-}$、Fe^{3+} 的含量即可计算出 K^+ 含量。

【仪器和试剂】

托盘天平，电子天平，减压过滤装置，烘箱，烧杯（100mL），电炉，移液管（25mL），容量瓶（50mL、100mL），锥形瓶（250mL），滴定管（50mL）。

$(NH_4)_2Fe(SO_4)_2 \cdot 6H_2O$，$H_2SO_4$（$3mol \cdot L^{-1}$），$H_2SO_4$（$1mol \cdot L^{-1}$），$H_2C_2O_4$（饱和），$K_2C_2O_4$（饱和），$KCl$(A.R.)，$KNO_3$（$300g \cdot L^{-1}$），乙醇（95%），乙醇-丙酮混合液（1∶1），$K_3[Fe(CN)_6]$（5%），$H_2O_2$（3%），$KMnO_4$ 标准溶液（$0.02mol \cdot L^{-1}$），Zn 粉（A.R.）。

【实验步骤】

1. 三草酸合铁（Ⅲ）酸钾的制备

（1）草酸亚铁的制备　称取 5g 硫酸亚铁铵固体于 100mL 烧杯中，加入 15mL 蒸馏水和 5～6 滴 $1mol \cdot L^{-1}$ H_2SO_4，加热溶解后，再加入 25mL 饱和草酸溶液，加热搅拌至沸，同时不断搅拌保持微沸 4min 后停止加热，静置。待黄色晶体 $FeC_2O_4 \cdot 2H_2O$ 沉淀后倾析，弃去上层清液，用热蒸馏水少量多次地洗涤晶体，减压过滤即得黄色晶体草酸亚铁。洗净的标准是洗涤液中检验不到 SO_4^{2-}。

（2）三草酸合铁（Ⅲ）酸钾的制备　往已洗净的草酸亚铁沉淀中加入饱和 $K_2C_2O_4$ 溶液 10mL，水浴加热 40℃，恒温下用滴管缓慢滴加 3% 的 H_2O_2 溶液 20mL，边加边充分搅拌，沉淀转为深棕色。加完 H_2O_2 后，取 1 滴所得的悬浊液于点滴板中，加一滴 $K_3[Fe(CN)_6]$ 溶液检验是否还有 Fe(Ⅱ)［如果出现蓝色，说明还有（为什么？），应继续加入 H_2O_2，直至检验不到 Fe(Ⅱ) 为止］。

将溶液加热至沸（加热过程中应充分搅拌），然后加入 20mL 饱和草酸溶液，沉淀立即溶解，溶液转为绿色。趁热过滤，滤液转入 100mL 烧杯中，加入 95% 的乙醇 25mL，混匀后冷却，可以看到烧杯底部有晶体析出。为了加快结晶速度，可往其中滴加 KNO_3 溶液。在暗处放置待晶体完全析出后，减压过滤。往晶体上滴少量乙醇，继续抽干，称量，计算产率。

2. 三草酸合铁酸钾组成的测定

（1）结晶水的测定　准确称取产品 0.5～0.6g，放入已恒重的称量瓶中，置于 110℃ 的烘箱中干燥 1h，然后在干燥器中冷却至室温后称量。重复干燥、冷却、称量至恒重，根据产品失重结果，计算结晶水的含量。

（2）草酸根含量的测定　差减法准确称取约 1.0g 干燥的三草酸合铁酸钾晶体于烧杯中，加入 25mL $3mol \cdot L^{-1}$ 硫酸溶解，转移至 250mL 容量瓶中，定容，摇匀，静置。

用移液管准确移取 25mL 试液于锥形瓶中，加入 20mL $3mol \cdot L^{-1}$ 硫酸，放在水浴箱中加热 5min（70～80℃，不高于 85℃），趁热用标准高锰酸钾标准溶液滴定到溶液成浅粉色，开始反应很慢，滴下一滴后应等待红色褪去再滴第二滴，直至溶液呈粉红色并保持 30s 不褪色即为终点，记下读数，根据消耗 $KMnO_4$ 标准溶液的体积，计算 $K_3Fe[(C_2O_4)_3] \cdot 3H_2O$

中草酸根的含量。滴定后的溶液保留待用。平行测定 3 次。

（3）铁含量的测定 往滴完 $C_2O_4^{2-}$ 的锥形瓶中加入过量的锌粉（约 1g），加热至近沸，使 Fe^{3+} 完全转变为 Fe^{2+}，待黄色消失后，趁热过滤除去过量的锌粉，滤液用另一干净的锥形瓶承接。用约 40mL 0.2mol·L^{-1} 硫酸溶液洗涤原锥形瓶和锌粉，将洗涤液全部转移至承接滤液的锥形瓶中。用高锰酸钾标准溶液滴定到溶液成浅粉色，30s 不褪色即为终点，记下读数，计算结果。平行测定 3 次。

（4）钾含量的测定 根据配合物中结晶水、$C_2O_4^{2-}$、Fe^{3+} 的含量即可计算出 K^+ 含量，从而确定配合物的组成及化学式。

结论：在 1mol 产品中含结晶水（H_2O）_____ mol，$C_2O_4^{2-}$ _____ mol，Fe^{3+} _____ mol，K^+ _____ mol。该物质的化学式为 _____。

3. $K_3Fe[(C_2O_4)_3]\cdot3H_2O$ 的光化学性质

按 0.3g $K_3Fe[(C_2O_4)_3]\cdot3H_2O$、0.4g $K_3[Fe(CN)_6]$ 加水 5mL 的比例配成溶液，涂在纸上即成感光纸，附上图案，在日光直照下数秒，即得到曝光后的图案。

【注意事项】

1. 合成的 FeC_2O_4 沉淀应该充分沉降。

2. 水浴 40℃ 下加热，慢慢滴加 H_2O_2，以防止 H_2O_2 分解。加 H_2O_2 完毕后，加热至沸（75～85℃），否则加 $H_2C_2O_4$ 时很容易分解。反应不完全，有 $Fe(OH)_3$ 沉淀，过滤掉，降低产率。

3. 加乙醇析晶时间超过 30min。

4. 洗涤 Zn 粉时，应用 H_2SO_4 洗涤，不能用水洗涤，否则 H^+ 浓度降低，Fe^{3+} 易水解。

5. 减压过滤要规范。尤其注意在抽滤过程中，勿用水冲洗黏附在烧杯和布氏滤斗上的少量绿色产品，否则将大大影响产量。

【思考题】

1. 本实验测定 Fe^{3+} 和 $C_2O_4^{2-}$ 的原理是什么？除本实验方法外，还可用什么方法测出两种组分的含量？

2. 最后洗涤产品时，为何要用乙醇洗涤？能否用蒸馏水洗涤？

3. $K_3[Fe(C_2O_4)_3]\cdot3H_2O$ 可用加热脱水法测定其结晶水含量，其结晶水测物质是否都可用这种方法进行测定？为什么？

4. 合成产物的最后一步加入质量分数为 0.95 的乙醇，其作用是什么？能否用蒸干溶液的方法取得产物？为什么？

5. 能否用 $FeSO_4$ 代替硫酸亚铁铵来合成 $K_3Fe[(C_2O_4)_3]$？这时可用 HNO_3 代替 H_2O_2 作氧化剂，你认为用哪个作氧化剂较好？为什么？

6. 在三草酸合铁（Ⅲ）酸钾的制备过程中，加入 20mL 饱和草酸溶液后，沉淀溶解，溶液转为绿色。若往此溶液中加入 25mL 95％ 乙醇或将此溶液过滤后往滤液中加入 25mL 95％ 的乙醇，现象有何不同？为什么？

实验三十七 溶液 pH 的测定（直接电位法）

【实验目的】

了解电位法测定溶液 pH 值的原理和方法。

【实验原理】

溶液 pH 值的测量，一般是用玻璃电极作指示电极，饱和甘汞电极作参比电极，组成一个原电池，在一定条件下测量电池的电动势，根据电池电动势与溶液中 H^+ 浓度存在的直线关系，计算被测溶液的 pH 值。

$$E = E^{\ominus} + 0.0592pH(试)(25℃)$$

测得电动势 E 就可以计算 pH，但因式中的 $E^{\ominus}$ 包含难以求得的不对称电位和液接电位，其值难以确定，因此在试剂工作中，用酸度计测 pH 值时，必须先用与试液 pH 值相近的标准缓冲溶液加以校正。将此操作叫作"定位"。

在定位时，应选用与待测试液的 pH 值相近的 pH 标准缓冲溶液来校正酸度计，这样可以减小误差。2005 年国家质量监督检验检疫局颁布了《实验室 pH（酸度）计检定规程》，制定出 7 种标准缓冲溶液。附录四列举了 6 种标准缓冲溶液在 0～95℃下的 pH 值，仅供参考。

使用校正后的酸度计，可直接测定溶液的 pH 值。

【仪器和试剂】

pHS-3C 型酸度计（或其他型号的精密酸度计）1 台，231 型玻璃电极和 232 型饱和甘汞电极各 1 支。

标准缓冲溶液：

（1）pH＝4.00（20℃）的 $0.05mol\cdot L^{-1}$ 邻苯二甲酸氢钾溶液。称取在 （115±5）℃下烘干 2～3h 的 $KHC_8H_4O_4$（A.R.）10.12g，溶于不含 CO_2 的去离子水中，在容量瓶中稀释至 1000mL，混匀。

（2）pH＝6.88（20℃）的 $0.025mol\cdot L^{-1}$ 磷酸二氢钾和磷酸氢二钠溶液。称取在（115±5）℃下烘干 2～3h，经冷却的 KH_2PO_4（A.R.）3.39g 和 Na_2HPO_4（A.R.）3.53g，溶于不含 CO_2 的去离子水中，在容量瓶中稀释至 1000mL，混匀。

（3）pH＝9.23（20℃）的 $0.01mol\cdot L^{-1}$ 四硼酸钠溶液。称取 $Na_2B_4O_7\cdot10H_2O$（A.R.）（硼砂不能烘）3.81g，溶于不含 CO_2 的去离子水中，在容量瓶中稀释至 1000mL，混匀。

【实验步骤】

1. 土壤酸度的测定

（1）1∶5 土壤悬浊液的制备方法。称取经 2mm 筛孔筛过的风干土样 5g，放在 50mL 烧杯中，用量筒加入 25mL 去离子水，间歇搅拌 15min 并放置 15min（或放在电磁搅拌器上搅动 1min，放置 30min），即可供测量用。

（2）按照 pHS-3C 型酸度计使用方法，进行仪器准备和操作。

（3）将电极和烧杯用水洗涤后，用相应标准缓冲溶液淋洗 1～2 次。

（4）用标准缓冲溶液校正仪器。

校正时标准缓冲溶液的选择：如果是酸性土壤，可用 pH＝4.00 的标准缓冲溶液，如果是中性或石灰性土壤，则用 pH＝6.88 的标准缓冲溶液。

测量土壤悬浊液的 pH 值，先用蒸馏水冲洗电极，以滤纸吸取残留水分，然后将两电极浸入待测的土壤悬浊液中，轻轻摇动烧杯 2～3min，使土壤悬浊液和电极密切接触。稍停使达到平衡后，按下读数开关，从电表上读出试液的 pH 值。

2. 测量水样（取自来水及去离子水）的 pH 值

按 pHS-3C 型酸度计测量 pH 值的操作方法进行测量。

测量完毕，将电极和烧杯洗净，按要求妥善保存。

【注意事项】

1. 玻璃电极使用前要用蒸馏水浸泡 24h。使用时注意保护好玻璃膜球，勿使损坏。

2. 饱和甘汞电极使用前要检查内充液（饱和 KCl）溶液是否添加好。用完要从溶液中取出存放，不要长时间浸在溶液中，以免饱和 KCl 溶液浓度改变。

【思考题】

1. 请叙述电位法测定溶液 pH 值的原理。

2. 为什么在测量之前，要用标准溶液"定位"？进行定位时要注意哪些问题？

3. 使用和安装玻璃电极时应注意什么问题？

实验三十八　阳离子交换树脂交换容量的测定

【实验目的】

1. 了解离子交换树脂交换容量的意义。

2. 掌握离子交换树脂交换容量的测定方法。

【实验原理】

离子交换法是液相中的离子和固相中离子间所进行的的一种可逆性化学反应，当液相中的某些离子较为离子交换固体所喜好时，便会被离子交换固体吸附，为维持水溶液的电中性，离子交换固体必须释出等价离子回溶液中。

能与溶液中的离子进行交换反应的物质称为离子交换剂。离子交换剂可分为无机离子交换剂和有机离子交换剂两大类。无机离子交换剂又可分天然的（如海绿砂）和人造的（如合成沸石）。有机离子交换剂又分碳质（如磺化煤）和合成树脂两类。

离子交换树脂都是用有机合成方法制成的。常用的原料为苯乙烯或丙烯酸（酯），通过聚合反应生成具有三维空间立体网络结构的骨架，再在骨架上导入不同类型的化学活性基团（通常为酸性或碱性基团）而制成。离子交换树脂中含有一种（或几种）化学活性基团，它是交换官能团，在水溶液中能离解出某些阳离子（如 H^+ 或 Na^+）或阴离子（如 OH^- 或 Cl^-），同时吸附溶液中原来存在的其他阳离子或阴离子。即树脂中的离子与溶液中的离子互相交换，从而将溶液中的离子分离出来。

树脂的交换容量是树脂的重要特性之一。交换容量有总交换容量和工作交换容量之分。总交换容量是用静态法（树脂和试液在一容器中达到交换平衡的分离法）测定的树脂内所有可交换基团全部发生交换时的交换容量，又称全交换容量；工作交换容量是指在一定操作条件下，用动态法（柱上离子交换分离法）实际所测得的交换容量，它与树脂种类和总交换容量，以及具体工作条件如溶液的组成、流速、温度等因素有关。

离子交换树脂的交换容量用 Q 表示，它等于树脂所能交换离子的物质的量 n 除以交换树脂体积 V 或除以交换树脂的质量 m：

$$Q = \frac{n}{V} \quad 或 \quad Q = \frac{n}{m}$$

上式表明，树脂的交换容量 Q 是单位体积或单位质量干树脂所能交换的物质的量。一般常用树脂的 Q 约为 $3\ mmol \cdot mL^{-1}$ 或 $3\ mmol \cdot g^{-1}$。

阳离子交换树脂可简写为 RH，当一定量的阳离子交换树脂与一定量过量的 NaOH 标

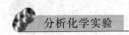
准溶液混合，以静态法放置一定时间，达交换平衡时：

$$RH + NaOH \longrightarrow RNa + H_2O$$

用 HCl 标准溶液滴定过量的 NaOH，即可求出树脂的总交换容量。

当将一定量的阳离子交换树脂装入交换柱后，用 Na_2SO_4 溶液以一定的流速通过该交换柱时，Na^+ 将与交换柱发生交换反应：

$$RH + Na^+ \longrightarrow RNa + H^+$$

交换出来的 H^+，用 NaOH 标准溶液滴定，可求得该树脂的工作交换容量。

【仪器和试剂】

强酸性阳离子交换树脂，离子交换柱，盐酸溶液（3mol·L^{-1}），Na_2SO_4 溶液（0.5mol·L^{-1}），HCl 标准溶液（0.1mol·L^{-1}），NaOH 标准溶液（0.1mol·L^{-1}），酚酞乙醇溶液（0.1g·L^{-1}）。

【实验步骤】

1. 阳离子交换树脂总交换容量的测定

（1）树脂的预处理　市售的阳离子交换树脂在使用前一般须用酸处理将 Na 型转变为 H 型：

$$RNa + H^+ \longrightarrow RH + Na^+$$

称取 20g 阳离子交换树脂于烧杯中，加入 150mL 3mol·L^{-1} 盐酸溶液，搅拌，浸泡 1～2 天，经常搅拌；倾出上层清液，换以新鲜的 3mol·L^{-1} 盐酸溶液，再浸泡 1～2 天。倾出上层清液，用蒸馏水漂洗树脂直至中性，即得阳离子交换树脂 RH。

（2）干燥　将预处理好的树脂用滤纸压干后，放在 105℃ 的烘箱中干燥 1h 后，冷却，称量，再将树脂放回 105℃ 的烘箱中干燥 0.5h 后，冷却，称量，直至恒重为止。

（3）静态交换平衡　准确称取干燥恒重的阳离子交换树脂 1.000g，放于 250mL 干燥带塞的锥形瓶中，准确加入 100mL 0.1mol·L^{-1} NaOH 标准溶液，摇匀，盖好锥形瓶，放置 24h，使之达到交换平衡。

（4）过量 NaOH 溶液的滴定　准确移取 25mL 交换后的 NaOH 溶液，加入 2 滴酚酞指示剂，用 0.1mol·L^{-1} HCl 标准溶液滴定至红色刚好褪去，即为终点。记录 HCl 溶液消耗体积，平行滴定三份。

2. 阳离子交换树脂工作交换容量的测定

（1）树脂预处理同 1。

（2）装柱　将一定量的 RH 树脂浸泡在蒸馏水中，用玻璃棒边搅拌边倒入离子交换柱中，柱高 20cm 左右。用蒸馏水将树脂洗成中性，放出多余的水，使柱的树脂上部余下 1mL 左右的液面。

（3）交换　相交换柱中不断加入 0.5mol·L^{-1} Na_2SO_4 溶液，用 250mL 容量瓶收集流出液，调节流量为 2～3mL·min^{-1}。流出 100mL Na_2SO_4 溶液后，经常检查流出液的 pH，直至流出的 Na_2SO_4 溶液与加入的 Na_2SO_4 溶液 pH 相同时，停止加入 Na_2SO_4 溶液，交换完毕，将收集液稀释至 250mL，摇匀。

（4）工作交换容量的测定　准确移取收集稀释液 25mL 于 250mL 锥形瓶中，加入 2 滴酚酞指示剂，用 0.1mol·L^{-1} NaOH 标准溶液滴定至微红色，即为终点。记录 NaOH 溶液消耗体积，平行滴定三份。

【数据处理】

1. 树脂的总交换容量 Q(mmol·g^{-1})

$$Q = \frac{\left[(cV)_{\text{NaOH}} - (cV)_{\text{HCl}}\right] \times \dfrac{100\text{mL}}{25\text{mL}}}{\text{干树脂的质量}}$$

2. 树脂的工作交换容量 Q(mmol·g^{-1})

$$Q = \frac{(cV)_{\text{NaOH}}}{\text{树脂的质量} \times \dfrac{25\text{mL}}{250\text{mL}}}$$

【思考题】

1. 市售树脂使用前应如何处理?

2. 交换过程中,柱中产生气泡,有何危害?

第十一章　实验设计与考核

一、实验设计

1. 设计分析方案实验目的

（1）巩固学过的分析化学实验基本理论，强化分析化学实验的操作技能，拓宽学生的知识面。

（2）培养学生查阅有关书刊、网络查资料的能力。

（3）运用所学知识及有关参考资料对实际试样写出实验分析方案设计。

（4）在老师指导下对样品体系的组分含量进行分析，培养学生分析问题、解决问题的能力，以提高学生的分析化学素质。

2. 实验设计应遵循的一些基本原则

（1）科学性原则　实验是人为控制条件下研究事物（对象）的一种科学方法，在实验设计中必须有充分的科学依据，不能凭空想象。确定问题、分析方案设计的全面性和科学性体现了逻辑思维的严密性。

（2）可行性原则　在实验设计时，从原理、方案实施到实验结果的产生，都必须实际可行。

（3）平行重复原则　所谓重复原则，就是在相同实验条件下必须做多次独立重复实验。因为在进行实验时，有些实验结果的出现是偶然的，多做几个平行实验，使结果达到一定的精密度，才有可能保证分析结果的准确度。一般认为重复 5 次以上的实验才具有较高的可信度。

（4）简便性原则　不论什么实验，都有它的最优选择方案，分析方案选择时应考虑以下方面：

① 要考虑到实验材料容易获得，实验装置简单，实验药品较便宜；

② 实验操作较简便，实验步骤较少；

③ 实验时间较短，必要时可以预测一下自己实验的产出和投入的比值，这个比值越大越好。

（5）排除干扰原则　样品分析中干扰因素有时较多或较严重，在实验设计中应考虑设法排除干扰。通常在预处理步骤中完成干扰因素的排除，例如，在分析一些复杂样品时，就要进行一定的前处理来消除干扰。

3. 设计实验报告要求

（1）实验题目

（2）作者姓名，单位（班级，学号）

（3）前言（简单表述此实验的目的或意义）

（4）设计原理

① 总体设计思想，可用框图简单表示。

② 设计中的理论计算，这是设计报告的重点部分，要求做到思路清晰，理论正确，计

算准确，步骤详细，测定结果的公式表达要准确、规范，固体试样通常用质量分数表示，水质试样用质量浓度表示（可以灵活使用表格）。例如：对滴定分析，通常应有标定或滴定反应方程式，基准物质和指示剂的选择，标定或滴定的计算公式等。对使用特殊仪器的实验装置，应画出实验装置图。

（5）主要仪器和试剂　重点是试剂选择要有依据，取量范围要有计算依据，配制、标定方法要有可行性操作规程。在实验前列出所用仪器和试剂。

（6）分析测试方法　可能存在多种步骤，自拟的操作步骤应有切实的可操作性，还应考虑安全性、准确性。别人能按你的实验步骤重复实验。

（7）原始记录　将实验中观察到的现象数据如实、准确地记录下来，不应有数据的涂改。除了用文字进行记录外，还可以用数据或符号进行记录（要求齐全）。

（8）实验结果与数据处理　设计实验报告的重点部分，也是体现实验成果的部分，要求用表格，表序、表头、表注等均表达清楚。

（9）参考文献

（10）写出设计总结

自行设计实验是在选定某实验题目后，在教师指导下，学生自己查阅有关文献资料，运用所学的理论知识和实验技术，按照上述"设计实验报告要求"独立完成实验方案的设计。实验方案确定后，经指导教师审核或讨论，进一步完善后由学生独立完成全部实验内容。实验完成后，学生根据所得实验结果写出实验报告。教师依据学生的理论及设计水平、操作技能的高低、实验数据误差的大小，按照一定评分标准认真评定学生的成绩，作为考核学生综合能力的依据之一。自行设计实验的完成，既可以培养学生查阅文献资料、独立思考、独立实践的能力，又可以提高学生分析问题和解决问题的综合实验能力。

4. 分析方案设计举例

（1）实验题目　铅铋混合液中铋和铅的连续配位滴定。

（2）作者姓名，单位（班级，学号）。

（3）前言　通过本实验掌握用 EDTA 进行连续滴定的分析方法，加深对配位滴定分步滴定原理的巩固，认识酸度在配位滴定中的重要性，学习调节酸度提高配位滴定选择性的方法。进一步学习指示剂的使用，掌握金属指示剂的选择及使用条件。

（4）设计原理　Bi^{3+}、Pb^{2+} 均能与 EDTA 形成稳定的 1∶1 配合物，其 $\lg K_f$ 分别为 27.94 和 18.04，两者稳定性相差很大，$\Delta \lg K_f = \lg K_f(BiY) - \lg K_f(PbY) = 27.94 - 18.04 = 9.90 > 6$（**必须说明，这是本实验的理论基础，没有此项设计方案不能通过**）。因此，可以通过控制酸度的方法在一份试液中连续滴定 Bi^{3+} 和 Pb^{2+}。在测定中，均以二甲酚橙（XO）做指示剂，XO 在 pH＜6 时呈亮黄色，在 pH＞6.3 时呈红色。Bi^{3+} 和 Pb^{2+} 的滴定过程如下：

pH＝1.0 时，XO 作指示剂，用 EDTA 滴定 Bi^{3+}。

$$Bi^{3+} + XO = Bi\text{-}XO$$
亮黄色　　紫红色
$$Bi^{3+} + Y = BiY$$
$$Bi\text{-}XO + Y = BiY + XO$$
紫红色　　　　　　　亮黄色

pH＝5～6 时，XO 作指示剂，用 EDTA 滴定 Pb^{2+}。

$$Pb^{2+} + XO \Longrightarrow Pb\text{-}XO$$
$$\text{亮黄色} \quad \text{紫红色}$$
$$Pb^{2+} + Y \Longrightarrow PbY$$
$$Pb\text{-}XO + Y \Longrightarrow PbY + XO$$
$$\text{紫红色} \qquad\qquad \text{亮黄色}$$

XO 与 Bi^{3+}、Pb^{2+} 所形成的配合物的稳定性和 Bi^{3+}、Pb^{2+} 与 EDTA 形成的配合物相比要低，而 $K_{Bi\text{-}XO} > K_{Pb\text{-}XO}$。

Bi^{3+}-Pb^{2+} 混合液的测定：用移液管移取一定量 Bi^{3+}-Pb^{2+} 溶液于 250mL 锥形瓶中，用 HNO_3 调节溶液 pH＝1.0，加入二甲酚橙指示剂，用 EDTA 标准溶液滴定溶液由紫红色突变为亮黄色，即为滴定 Bi^{3+} 的终点。然后滴加六亚甲基四胺（在选择缓冲溶液时，不仅要考虑它的缓冲范围或缓冲容量，还要注意可能引起的副反应。在滴定 Pb^{2+} 时，真正起作用的缓冲对是六亚甲基四胺-质子化的六亚甲基四胺。用 HAc-Ac 缓冲对也可以调节溶液的 pH 为 5～6，但是 Ac^- 能与 Pb^{2+} 形成配合物，影响 Pb^{2+} 的准确滴定，所以用六亚甲基四胺调酸度）溶液，至呈现稳定的紫红色后，再过量加入 5mL，此时溶液的 pH 约 5～6，Pb^{2+} 与 XO 形成紫红色配合物，继续用 EDTA 标准溶液滴定至溶液由紫红色突变为亮黄色，即为滴定 Pb^{2+} 的终点。

（5）仪器和试剂

① 实验试剂　EDTA 标准溶液（0.02mol·L^{-1}），HNO_3（0.1mol·L^{-1}），六亚甲基四胺溶液（200g·L^{-1}），Bi^{3+}、Pb^{2+} 混合液（含 Bi^{3+}、Pb^{2+} 各约 0.01mol·L^{-1}，HNO_3 0.15mol·L^{-1}），二甲酚橙水溶液（2g·L^{-1}）。

② 实验仪器

仪　　　器	备　　　注
移液管	1 支
锥形瓶	3 个
酸式滴定管	1 支
量筒	1 个

（6）分析测试方法

① Bi^{3+} 的滴定　用移液管移取一定量 Bi^{3+}、Pb^{2+} 混合液于锥形瓶中，加入 10mL HNO_3（0.1mol·L^{-1}）调节溶液 pH＝1.0，再加入 2 滴二甲酚橙，用 EDTA 标准溶液滴定，溶液由紫红色突变为亮黄色，即为滴定 Bi^{3+} 的终点，记录消耗 EDTA 标准溶液的体积 V_1（mL）。

② Pb^{2+} 的滴定　在滴定 Bi^{3+} 后的溶液中，滴加六亚甲基四胺溶液，至呈现稳定的紫红色后，再过量加入 5mL，此时溶液的 pH 约 5～6，继续用 EDTA 标准溶液滴定，溶液由紫红色突变为亮黄色，即为滴定 Pb^{2+} 的终点，记录消耗 EDTA 标准溶液体积 V_2（mL）。

③ 按上述过程再做五次平行实验，计算试液中 Bi^{3+}、Pb^{2+} 的含量。

（7）原始记录

（8）数据处理　根据公式 $c(Bi^{3+}) = \dfrac{c(EDTA)V_1}{V}$，$c(Pb^{2+}) = \dfrac{c(EDTA)V_2}{V}$（$V$ 为所取 Bi^{3+}、Pb^{2+} 混合液的体积）计算混合液 Bi^{3+}、Pb^{2+} 中的浓度，将数据列于下表中。

项　目	1	2	3
试液体积 V/mL			
滴定管初读数/mL			
Bi^{3+} 终点滴定管读数/mL			
Pb^{2+} 终点滴定管读数/mL			
V_1（Bi^{3+} 消耗 EDTA 标液体积）/mL			
V_2（Pb^{2+} 消耗 EDTA 标液体积）/mL			
Bi^{3+} 浓度/mol·L^{-1}			
Bi^{3+} 平均浓度/mol·L^{-1}			
相对偏差（Bi^{3+}）			
相对平均偏差（Bi^{3+}）			
Pb^{2+} 浓度/mol·L^{-1}			
Pb^{2+} 平均浓度/mol·L^{-1}			
相对偏差（Pb^{2+}）			
相对平均偏差（Pb^{2+}）			

（9）注意事项　临近滴定终点，滴定剂慢加，让反应充分完成，否则会引入较大终点误差。

5. 实验设计项目

（1）HCl-NH_4Cl 混合溶液中各组分含量的测定；

（2）H_3BO_3-$Na_2B_4O_7$ 混合溶液中各组分含量的测定；

（3）菠菜、洋葱、竹笋等蔬菜中草酸含量的测定；

（4）福尔马林溶液中甲醛含量的测定（加成法、氧化法-反滴定法）；

（5）食品、食品添加剂或药品中铝含量的测定；

（6）豆类、菌类、蔬菜、海产品等食品中钙、镁、铁含量的测定；

（7）石灰石或白云石中钙、镁含量的测定；

（8）黄铜中铜锌含量的测定；

（9）蛋壳中钙含量的测定（EDTA 配位滴定法、高锰酸钾法）；

（10）蔬菜中 $C_2O_4^{2-}$、NO_3^- 含量的测定；

（11）熟食类食品中亚硝酸盐含量的测定；

（12）溴酸钾法测定苯酚；

（13）葡萄糖注射液中葡萄糖含量的测定；

（14）PbO-PbO_2 混合液中各组分含量的测定；

（15）可溶性硫酸盐中硫含量的测定；

（16）盐酸黄连素成分的含量测定；

（17）三氯化六氨合钴（Ⅲ）组成的测定；

（18）学生根据自己的兴趣自带题目。

教师根据本实验室的具体条件提前一周公布几个设计实验的题目供学生选择，学生根据自己感兴趣的实验内容选定题目，将题目报给老师，在两周内进行准备。要求独立查阅资料，独立设计方案，独立进行实验。但提倡同学之间相互交流，特别是做相同题目的同学，可以在课下、课上讨论，也可和老师讨论，一起归纳总结，待老师指导后，分头实施方案，进行实验（双休日开放实验室）。最后学生独立撰写实验报告，并在实验室进行交流、讨论，由教师进行总结，使学生的思路和认识得到升华。

二、考核

1. 成绩考核总则

实验成绩分平时成绩、实验设计和期末考核三部分。平时实验训练，写实验报告，期末考试既考实验也考操作。考核学生对分析化学实验基本原理、基本操作和技能技巧的掌握；通过平时写实验报告和期末笔试及实验设计方案书写，提高学生用理论解释实验现象和分析问题的能力。

2. 平时成绩的评定

平时成绩：每次实验课成绩均按照 100 分计算，即预习报告成绩 5%、实验操作及技能 30%、实验数据准确度和精密度 40%、实验记录及报告 15%、纪律与卫生 10%。如果发现学生有伪造实验数据或结果的，则取消该次实验成绩，从而培养学生实事求是、一丝不苟的科学态度，所有实验课成绩的平均值即为平时成绩。

3. 期末考核的评定

期末考核方法可分为以下几项：①基本操作考核；②实验方案设计；③某实际样品分析方案（在已做过的实验中选取）；④笔试。可以采用其中的一种或几种考核方法。

（1）实验考试基本操作　学生随机抽题后，立即到负责该题目的老师处进行考核，学生与老师一对一、面对面地考核。每位学生在规定时间（一般不超过半小时）内完成规定的操作内容，当面打分，如果有错应当面指出其错处。

考核参考题目：

① 分析天平的水平调节。

② 吸光光度法分析中参比溶液的作用。

③ 碘量法测铜终点时为何加入 KSCN？

④ 碘量法测铜实验中 KI 的作用。

⑤ 什么是基准物质？你用过哪些基准物质？

⑥ $KMnO_4$ 标准溶液如何配制？

⑦ 容量瓶定容。

⑧ 使用移液管从容量瓶中量取 25.00mL 溶液于容量瓶中。

⑨ 重量分析实验中沉淀陈化的目的。

⑩ EDTA 能直接配制标准溶液吗？

⑪ 滴定管的读数。

⑫ 移液管的润洗。

⑬ 写出碘量法测铜的两个反应方程式。

⑭ 二甲酚橙、甲基橙、淀粉、二苯胺磺酸钠和铬黑 T 分别是哪些测定方法的指示剂？

⑮ 玻璃仪器洗干净的标志是什么？

⑯ 沉淀滴定法是如何进行分类的？

⑰ 用电子天平差减法称某样品 0.25～0.30g。

⑱ 酸式滴定管排气泡。

⑲ 碱式滴定管排气泡。

⑳ 锥形瓶的洗涤。

㉑ $K_2Cr_2O_7$ 法测 Fe 颜色变化（从什么色到什么色），实验中加磷酸的作用。

㉒ 分光光度法中吸收曲线的作用。

㉓ 重量法过滤漏斗的准备。

㉔ $Na_2S_2O_3$ 如何配制？加入 Na_2CO_3 的目的是什么？

㉕ 如何正确表示实验的分析结果。

㉖ 指定称量 0.2000g 某样品，将某一称量好的样品定量转移。

㉗ 用给定的酸碱标准溶液测定未知的碱酸物质。

（2）期末实验方案设计　设计实验的题目提前一周公布，学生选定题目后在一周内进行准备。自己查阅有关文献资料，运用所学的理论知识和实验技术，按照先前的"设计实验报告要求"在规定时间内独立完成实验方案的设计。

（3）考核某实际样品分析　课堂上学生采取随机抽签的方式确定考核实验内容。由老师把不同的样品给不同的学生，让学生独立分析样品，处理数据。老师根据学生的实验操作和最后的实验结果给出期末成绩。

附：分析化学考核实验成绩评定参考标准（每个实验均以 100 分计）

① 称量　有下列现象者各扣 5 分，最多扣 20 分：无记录本，不调零点，无纸条或纸条不合格，敲样不正确，称完不回零，盘上有药末或其他物品。

② 溶解　加水润湿时水量过多扣 5 分，转移操作不规范扣 5 分。定容：定容超标或不到线扣 5 分，不摇匀或操作不规范扣 5 分。移液：拇指堵口扣 10 分，不润洗移液管扣 5 分，放液不规范扣 5 分。最多扣 20 分。

③ 滴定　滴定管或量器不洗净扣 10 分，有气泡扣 10 分，漏水扣 10 分，不按顺序加试剂扣 5 分，浪费试剂扣 10 分，滴定操作不规范扣 15 分，滴过或不到终点扣 10 分。最多扣 40 分。

④ 结果和报告　结果 10 分，报告 10 分。

（4）实验理论闭卷考试成绩

① 笔试范围　学生对实验原理和实验基本知识的理解；学生对实验基本操作技能掌握的熟练程度；定量分析实验结果的准确度和精密度；实验报告和实验结果的讨论；学生进行综合实验和设计实验的能力。

② 试题形式　选择、填空、改错。

4. 考核评定

实验成绩评定采用平时考核、实验设计与期末考核想结合的办法，平时考核占 50%，实验设计占 20%，期末考核占 30%。

每学期如果有三次（含三次）以上无故不上实验课，则该学生不能参加实验考核，该学生实验课总成绩记为不合格，必须重修。

第十二章 英文文献实验

1 Determination of Sodium Salicylate

Purpose

(1) To learn the principle and operation of nonaqueous titration of the alkali metal salts of organic acid.

(2) To master the determination of end point by the color of crystal violet on the assay of sodium salicylate.

Principles

Sodium salicylate is an alkali metal salt of organic acid. $K_{b_2} = K_w/K_{a_1} = 9.4 \times 10^{-10}$. $cK_{b_2} < 10^{-8}$. It is a weak base and cannot be titrated with standard acid solution directly. If an appropriate acidic solvent is chosen to make its basicity stronger, it may be titrated with perchloric acid in glacial acetic acid. Reaction as follows:

$$HClO_4 + HAc \longrightarrow H_2Ac^+ + ClO_4^-$$
$$C_7H_5O_3Na + HAc \longrightarrow C_7H_5O_3H + Ac^- + Na^+$$
$$H_2Ac^+ + Ac^- \longrightarrow 2HAc$$

The total reaction:

$$C_7H_5O_3Na + HClO_4 \xrightarrow[\text{Violet} \rightarrow \text{bluish green}]{\text{Crystal violet}} C_7H_5O_3H + NaClO_4$$

The solvent of acetic anhydride-glacial acetic acid (1 : 4) can increase the basicity of sodium salicylate, therefore crystal violet is used as the indicator and perchloric acid is used as the titrant.

Calculate the content of sodium salicylate as follows:

$$C_7H_5O_3Na(\%) = \frac{cV_{HClO_4} \times \dfrac{M_{C_7H_5O_3Na}}{1000}}{m_{\text{sample}}} \times 100\% \qquad M_{C_7H_5O_3Na} = 160.10 \text{g} \cdot \text{mol}^{-1}$$

Where V_{HClO_4} is the volume obtained after making a blank test.

Reagents and Apparatus

Sodium salicylate: for medicine; perchloric acid: $0.1 \text{mol} \cdot \text{L}^{-1}$; glacial acetic acid: A.R.; acetic anhydride: A.R., 97%, specific gravity 1.08; crystal violet: dissolved in 0.5% glacial acetic acid.

Microburette (10mL), conical flask (50mL), graduate (10mL).

Procedures

Weigh accurately about 0. 13g of sodium salicylate，previously dried to constant weight at 105℃ in a 50mL dried conical flask，and dissolve with 10mL of the mixture of acetic anhydride-glacial acetic acid （1∶4）. Add 1 drop of crystal violet and titrate with 0. 1mol·L^{-1} perchloric acid to a bluish green end point. Perform a blank test and make any necessary correction.

Notes

（1）Glass which is used must be washed and dried previously.

（2）The volume expansion coefficient of glacial acetic acid is relatively high，which makes the volume changes with the temperature greatly. If the temperature at which the titration is performed differs by more than 10℃ from the temperature at which the perchloric acid was standardized，the titrant must be standardized again. If the difference does not exceed 10℃，the concentration of the titrant can be corrected as follows：$c_1 = c_0/[1 + 0.0011 (t_1 - t_0)]$，where 0. 0011 is the volume expansion coefficient of glacial acetic acid；t_0 is the temperature at which perchloric acid was standardized；t_1 is the temperature at which the titration is performed；c_0 is the concentration of perchloric acid at t_0；c_1 is the concentration of perchloric acid at t_1.

（3）Pay attention to save and recycle the solvent since it is expensive.

Questions

（1）What effect will there be on the result of determination if containers and reagents contain a little water in nonaqueous titration?

（2）How to calibrate the concentration if the operation temperature of determination and that of standardization is different?

（3）The sodium acetate is a weak base，can it be titrated with hydrochloric acid directly or be titrated with nonaqueous titration? If it can，please design a simple procedure.

2　Separation and Identification of Methionine and Glycine by Paper Chromatography

Purpose

（1）To learn the basic principle of paper chromatography.

（2）To master the operation of paper chromatography.

Principles

Paper chromatography is one of partition chromatography. Filter paper is regarded as the inert carrier. The solid phase is the water absorbed by the paper fiber （about 20% ~ 25%），6% of which combines with the cellulose's hydroxy into compounds through the H-bonds. Mobile phase is organic solvent. The substances to be separated are distributed between the solid phase and mobile phase. Generally the R_f is used to describe the position of

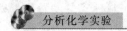

each component in filter paper, as follows:

$$R_f = \frac{\text{distance between the center of the solute zone and the start line}}{\text{distance between the solvent front and the start line}}$$

Under the same experiment condition, the R_f of each component is constant. So the substance can be identified by the R_f value.

In this experiment, the mixture of n-butyl alcohol : ice acetic acid : water (4 : 1 : 1) is used as mobile phase. Methionine [$CH_3SCH_2CH_2CH(NH_2)COOH$] and glycine ($NH_2CH_2COOH$) will be developed and separated. The structure of these two compounds is very similar, but the length of the carbon chain for them is different. So their combination ability with water on the filter paper is different. Glycine has stronger polarity than methionine, and moves more slowly on the filter paper. So glycine's R_f is smaller than the methionine's. After development, make them react with ninhydrin under 60℃ and then magenta spots will appear on the paper. The color reaction between α-amino acid and ninhydrin is as follows:

The product's color is blue, purple or magenta.

Reagents

Developing solvent: n-butyl alcohol : ice acetic acid : water (4 : 1 : 1). Colouration reagent: ninhydrin solution (0.15g ninhydrin + 30mL ice HAc + 50mL acetone). Methionine standard solution: 0.4mg/mL aqueous solution. Glycine standard solution: 0.4mg/mL aqueous solution. Mixed solution of methionine and glycine.

Apparatus

Chromatography tank (or sample tank), middle speed chromatographic paper, capillary (or microsyringe), vaporizer, oven (or electric stove).

Procedures

(1) Spotting

Take a middle speed chromatographic paper which is 20cm long and 6cm wide, draw a light starting line 2cm above the bottom by pencil. Draw three "×" on the line and make the space between "×" 1.5cm. Spot standard solution and sample solution by capillary (or microsyringe) 3~4 times to make the spots' diameter 2mm and air them (or use cold wind to dry them).

（2）Development

Add 35mL developing solvent into the dry chromatographic tank，append the spotted filter paper in the tank and cover it to saturate the paper for 10 minutes. Then dip the paper's edge into the solvent about 0. 3∼0. 5cm and develop it.

（3）Coloration

After the solvent front reaches proper position above starting line（nearly 15cm），take out paper and mark the solvent front by pencil immediately. Allow paper to dry and then spray the ninhydrin solution on it. Put the paper in oven and let coloration last 5 min under 60℃，or heat it on the electric stove carefully，and then the magenta spots appear.

（4）Qualitative analysis

Line out the range of spots and find out the center of spots. Measure the distance a between the center and the start line，and the distance b between the start line and the solvent front. Then：

$$R_f = \frac{a}{b}$$

Calculate the R_f of mixture and standard substances respectively，then the components of mixture are identified.

Notes

（1）Developing solvent must be prepared in advance and shaken up completely.

（2）Each spot must be dry before another spotting and the spot diameter must be 2 mm around. Spotting times vary according to the concentration of sample solution.

（3）The colouration reagent for amino acid ninhydrin can react with body fluid，for example sweat，so take the edge when pick up the filter paper to avoid impurity in paper.

（4）Ninhydrin solution should be prepared before use or stored in refrigerator.

（5）The spotted filter paper should not be dipped into the developing solvent during saturation. Carefully dip the paper into the solvent to develop it and avoid the solvent going beyond the starting line.

（6）Spray the colouration reagent uniformly and properly to avoid paper being too wet at local site.

Questions

（1）What influence the R_f?

（2）Why are standard substances often used as reference in the chromatographic experiment?

（3）How can the paper chromatograms be obtained，which has concentrated spots and orderly solvent front?

（4）Why must the filter paper be saturated in chromatography jar before it is dipped into the developing solvent? What is the requirement for time and temperature of saturation?

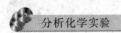

3　Measuring Manganese in Steel by Spectrophotometry with Standard Addition

Purpose

（1）Introduce the student to the fundamental concepts of sample dissolution，derivatization.

（2）To learn the principle and basic operation of spectrophotometric analysis.

Principles

In this experiment，steel is dissolved in acid and its Mn is oxidized to the violet colored permanganate ion，whose absorbance is measured with a spectrophotometer：

$$2Mn^{2+} + 5IO_4^- + 3H_2O \longrightarrow 2MnO_4^- + 5IO^- + 6H^+$$

$$\underset{\text{(colorless)}}{\underset{\text{Periodate}}{}} \qquad \underset{\text{(violet)}}{\underset{\text{Pemanganate}}{}} \quad \underset{\text{(colorless)}}{\underset{\text{Iodate}}{}}$$

$$\lambda_{max} \approx 525nm$$

Steel is an alloy of iron that typically contains ~0.5 wt % Mn plus numerous other elements. When steel is dissolved in hot nitric acid，the iron is converted to Fe(Ⅲ). Spectrophotometric interference in the measurement of MnO_4^- by Fe(Ⅲ) is minimized by adding H_3PO_4 to form a nearly colorless complex with Fe(Ⅲ). Interference by most other colored impurities is eliminated by subtracting the absorbance of a reagent blank from that of the unknown. Appreciable Cr in the steel will interfere with the present procedure. Carbon from the steel is eliminated by oxidation with peroxydisulfate ($S_2O_8^{2-}$)：

$$C(s)+2S_2O_8^{2-}+2H_2O \longrightarrow CO_2(g)+4SO_4^{2-}+4H^+$$

Caution

You will be using concentrated acids to dissolve your sample. These are very corrosive to your skin and your clothing. Be extremely careful in handling these substances. When adding the peroxydisulfate and the periodate，add a few crystals and let the solution calm down before adding the rest. Be careful. These solutions have a tendency to erupt. Report any spills to the teacher and rinse any exposed skin under water immediately. The fumes produced during the dissolution stage are also harmful (brown NO_2 gas). Wear gloves throughout this experiment.

Reagents

3mol·L^{-1} Nitric acid：(150mL/student) Dilute 190mL of 70 wt % HNO_3 to 1L with water.

0.05mol·L^{-1} Nitric acid：(300mL/student) Dilute 3.2mL of 70 wt % HNO_3 to 1L with water.

Ammonium hydrogen sulfite：(0.5mL/student) 45 wt % NH_4HSO_3 in water.

Potassium periodate (KIO$_4$)：1.5g/student.

Unknowns：Steel，~2g/student.

Standard Mn^{2+} （1mg $Mn \cdot mL^{-1}$）：Weigh 0.2748g $MnSO_4$ （dry under 400～500℃）, dilute to 100mL using volumetric flask.

Apparatus

Spectrophotometer，volumetric flask，pipet，volumetric cylinder，rubber pipette bulb.

Procedures

（1）Steel can be used as received or，if it appears to be coated with oil or grease，it should be rinsed with acetone and dried at 110℃ for 5 min，and cooled in a desiccator.

（2）Weigh duplicate samples of steel to the nearest 0.1 mg into 250mL beakers. The mass of steel should be chosen to contain ～2-4 mg of Mn. For example，if the steel contains 0.5 wt ％ Mn，a 0.6g sample will contain 3 mg of Mn. Your instructor should give you guidance on how much steel to use.

（3）Dissolve each steel sample separately in 50mL of 3mol·L^{-1} HNO_3 by gently boiling in the hood，while covered with a watchglass. If undissolved particles remain，stop boiling after 1 h. Replace the HNO_3 as it evaporates.

（4）Standard Mn^{2+} （0.1mg·mL^{-1}）：The Standard Mn^{2+} （0.1mg·mL^{-1}）is gained by diluting the 1mg·mL^{-1} Mn^{2+} solution 10 times. While the steel is dissolving，pipet 10.00mL of the above standard Mn^{2+} （0.1mg·mL^{-1}）into a 100mL volumetric flask，dilute to the mark with water，and mix well. Keep it stoppered，and wrap the stopper with Parafilm or tape to minimize evaporation.

（5）Cool the beakers from step 3 for 5min. Then carefully add ～1.0g of $(NH_4)_2S_2O_8$ or $K_2S_2O_8$ and boil for 15 min to oxidize carbon to CO_2.

（6）If traces of pink color （MnO_4^-）or brown precipitate （MnO_2）are observed，add 6 drops of 45 wt ％ NH_4HSO_3 and boil for 5 min to reduce all manganese to Mn(Ⅱ)：

$$2MnO_4^- + 5HSO_3^- + H^+ \longrightarrow 2Mn^{2+} + 5SO_4^{2-} + 3H_2O$$

$$MnO_2(s) + HSO_3^- + H^+ \longrightarrow Mn^{2+} + SO_4^{2-} + H_2O$$

（The purpose of removing colored species at this time is that the solution from step 6 is eventually going to serve as a colorimetric reagent blank.）

（7）After cooling the solutions to near room temperature，filter each solution quantitatively through ♯41 filter paper into a 250mL volumetric flask. （If gelatinous precipitate is present，use ♯42 filter paper.）To complete a "quantitative" transfer，wash the beaker many times with small volumes of hot 0.05mol·L^{-1} HNO_3 and pass the washings through the filter to wash liquid from the precipitate into the volumetric flask. Finally，allow the volumetric flasks to cool to room temperature，dilute to the mark with water，and mix well.

（8）Carry out the following spectrophotometric analysis with one of the unknown steel solutions prepared in step 7：

a. Pipet 25.00mL of liquid from the 250mL volumetric flask in step 7 into each of three clean，dry 100mL beakers designated "blank"，"unknown"，and "standard addition". Add 5mL of 85 wt ％ H_3PO_4 （from a graduated cylinder）into each beaker. Then add standard Mn^{2+} （0.1mg/mL from step 4，delivered by pipet）and solid KIO_4 as follows：

Beaker	Volume of Mn^{2+} (mL)	Mass of KIO_4 (g)
Blank	0	0
Unknown	0	0.4
Standard addition	5.00	0.4

b. Boil the unknown and standard addition beakers gently for 5min to oxidize Mn^{2+} to MnO_4^-. Continue boiling, if necessary, until the KIO_4 dissolves.

c. Quantitatively transfer the contents of each of the three beakers into 50mL volumetric flasks. Wash each beaker many times with small portions of water and transfer the water to the corresponding volumetric flask. Dilute each flask to the mark with water and mix well.

d. Fill one 1.000cm-pathlength cuvet with unknown solution and another cuvet with blank solution. It is always a good idea to rinse the cuvet a few times with small quantities of the solution to be measured and discard the rinses.

e. Measure the absorbance of the unknown at 525nm with blank solution in the reference cuvet. For best results, measure the absorbance at several wavelengths to locate the maximum absorbance. Use this wavelength for subsequent measurements.

f. Measure the absorbance of the standard addition with the blank solution in the reference cuvet. The absorbance of the standard addition will be ~0.45 absorbance units greater than the absorbance of the unknown (based on adding ~0.50mg of standard Mn^{2+} to the unknown).

(9) Repeat step 8 with the other unknown steel solution from step 7.

Data Analysis

(1) From the known concentration of the Mn standard in step 4, calculate the concentration of added Mn in the 50mL volumetric flask containing the standard addition.

(2) All of the Mn^{2+} is converted to MnO_4^- in step 8. From the difference between the absorbance of the standard addition and the unknown, calculate the molar absorptivity of MnO_4^-. Compute the average molar absorptivity from steps 8 and 9.

(3) From the absorbance of each unknown and the average molar absorptivity of MnO_4^-, calculate the concentration of MnO_4^- in each 50mL unknown solution.

(4) Calculate the weight percent of Mn in each unknown steel sample and the percent relative range of your results:

$$\% \text{ relative range} = \frac{100 \times [\text{wt}\% \text{ in steel } 1 - \text{wt}\% \text{ in steel } 2]}{\text{mean wt}\%}\%$$

Questions

(1) Why were we able to use approximate amounts of the KIO_4 and $(NH_4)_2S_2O_8$ rather than exactly weighed amounts?

(2) What are the oxidation numbers of Mn on the reactant and product sides of the chemical reactions used in this experiment?

附　　录

附录一　常用化合物的相对分子质量

分子式	相对分子质量	分子式	相对分子质量
$AgBr$	187.78	FeO	71.85
$AgCl$	143.32	Fe_2O_3	159.69
$AgCN$	133.84	$Fe(OH)_3$	106.87
Ag_2CrO_4	331.73	$FeSO_4 \cdot 7H_2O$	278.02
AgI	234.77	$FeSO_4 \cdot (NH_4)_2SO_4 \cdot 6H_2O$	392.14
$AgNO_3$	169.87	H_3AsO_4	141.94
Al_2O_3	101.96	H_3BO_3	61.83
$Al(OH)_3$	78.00	HBr	80.91
$Al_2(SO_4)_3 \cdot 18H_2O$	666.43	$HBrO_3$	128.91
As_2O_3	197.84	$H_2C_4H_4O_6$(酒石酸)	150.09
$BaCO_3$	197.34	$H_4C_{10}H_{12}O_8N_2$(乙二胺四乙酸)	292.25
$BaCl_2$	208.24	HCN	27.03
$BaCl_2 \cdot 2H_2O$	244.26	H_2CO_3	62.03
BaO	153.33	$H_2C_2O_4$	90.04
$Ba(OH)_2$	315.47	$H_2C_2O_4 \cdot 2H_2O$	126.07
$BaSO_4$	233.39	HCl	36.46
$CaCO_3$	100.09	$HClO_4$	100.46
CaC_2O_4	128.10	HF	20.01
$CaC_2O_4 \cdot H_2O$	146.11	HI	127.91
$CaCl_2$	110.98	HNO_3	63.01
CaF_2	78.08	H_2O	18.02
CaO	56.08	H_2O_2	34.01
$Ca(OH)_2$	74.09	H_3PO_4	98.00
$CaSO_4$	136.14	H_2S	34.08
$Ca_3(PO_4)_2$	310.18	H_2SO_4	98.08
CH_3COOH	60.05	I_2	253.81
CH_3OH	32.04	$KAl(SO_4)_2 \cdot 12H_2O$	474.39
C_6H_5COOH	122.12	KBr	119.00
C_6H_5COONa	144.10	$KBrO_3$	167.00
CO_2	44.01	K_2CO_3	138.21
CuO	79.54	$K_2C_2O_4 \cdot H_2O$	184.23
$Cu(OH)_2$	97.56	KCl	74.55
Cu_2O	143.09	$KClO_4$	138.55
$CuSO_4 \cdot 5H_2O$	249.69	K_2CrO_4	194.19
$FeCl_2$	126.75	$K_2Cr_2O_7$	294.19
$FeCl_3$	162.21	$KHC_4H_4O_6$(酒石酸氢钾)	188.18

续表

分子式	相对分子质量	分子式	相对分子质量
$KHC_8H_4O_4$（邻苯二甲酸氢钾）	204.22	$NaNO_3$	84.99
KH_2PO_4	136.09	Na_2O	61.98
K_2HPO_4	174.18	$NaOH$	40.00
$KHSO_4$	136.17	Na_2S	78.05
KI	166.00	Na_2SO_3	126.04
KIO_3	214.00	Na_2SO_4	142.04
$KMnO_4$	158.03	$Na_2SO_4 \cdot 10H_2O$	322.20
KNO_3	101.10	$Na_2S_2O_3$	158.11
KOH	56.11	$Na_2S_2O_3 \cdot 5H_2O$	248.19
K_3PO_4	212.27	NH_3	17.03
$KSCN$	97.18	NH_4Br	97.95
K_2SO_4	174.26	$(NH_4)_2CO_3$	96.09
$K(SbO)C_4H_4O_6 \cdot 2H_2O$（酒石酸锑钾）	333.93	NH_4Cl	53.49
$MgCO_3$	84.31	$(NH_4)_2C_2O_4 \cdot 12H_2O$	142.11
$MgCl_2$	95.21	NH_4F	37.04
$MgNH_4PO_4 \cdot 6H_2O$	245.41	NH_4OH	35.05
MgO	40.304	$(NH_4)_2Fe(SO_4)_3 \cdot 12H_2O$	482.20
$Mg(OH)_2$	58.32	$(NH_4)_3PO_4 \cdot 12MoO_3$	1876.35
$Mg_2P_2O_7$	222.55	NH_4SCN	76.12
$MgSO_4$	120.37	$(NH_4)_2SO_4$	132.14
$MgSO_4 \cdot 7H_2O$	246.48	NO_2	45.01
MnO	70.94	NO_3	62.00
MnO_2	86.94	P_2O_5	141.95
$Na_2B_4O_7 \cdot 10H_2O$	381.37	$PbCrO_4$	323.18
$NaBr$	102.89	PbO_2	239.19
Na_2CO_3	105.99	$PbSO_4$	303.26
$Na_2CO_3 \cdot 10H_2O$	286.14	SO_2	64.07
$Na_2C_2O_4$	134.00	SO_3	80.06
$NaCl$	58.44	SiO_2	60.09
$Na_2H_2C_{10}H_{12}O_8N_2 \cdot 2H_2O$（EDTA 二钠）	372.24	$SnCl_2$	189.60
$NaHCO_3$	84.01	ZnO	81.38
$NaHC_2O_4 \cdot H_2O$	130.03	$Zn(OH)_2$	99.40
$NaH_2PO_4 \cdot 2H_2O$	156.01	$ZnSO_4$	161.46
$Na_2HPO_4 \cdot 12H_2O$	358.14	$ZnSO_4 \cdot 7H_2O$	287.56

附录二　常用酸碱的密度和浓度

试剂名称	相对密度	质量分数/%	浓度/$mol \cdot L^{-1}$
盐酸	1.18~1.19	36~38	11.6~12.4
硝酸	1.39~1.40	65.0~68.0	14.4~15.2
硫酸	1.83~1.84	95~98	17.8~18.4
磷酸	1.69	85	14.6
高氯酸	1.68	70.0~72.0	11.7~12.0
冰醋酸	1.05	99.8（优级纯） 99.0（分析纯、化学纯）	17.4
氢氟酸	1.13	40	22.5
氢溴酸	1.49	47.0	8.6
氨水	0.88~0.90	25.0~28.0	13.3~14.8

附录三　常用指示剂

酸碱指示剂（18～25℃）

指示剂名称	变色范围	颜色变化	溶液配制方法
甲基紫	0.13～0.5 （第一变色范围）	黄→绿	0.1%或0.05%的水溶液
苦味酸	0.0～1.3	无色→黄	0.1%水溶液
甲基绿	0.1～2.0	黄→绿→浅蓝	0.05%的水溶液
孔雀绿	0.13～2.0 （第一变色范围）	黄→浅蓝→绿	0.1%的水溶液
甲酚红	0.2～1.8 （第一变色范围）	红→黄	0.04g指示剂溶于100mL 50%乙醇中
甲基紫	1.0～1.5 （第二变色范围）	绿→蓝	0.1%的水溶液
百里酚蓝 （麝香草酚蓝）	1.2～2.8 （第一变色范围）	红→黄	0.1g指示剂溶于100mL 20%乙醇中
甲基紫	2.0～～3.0 （第三变色范围）	蓝→紫	0.1%的水溶液
茜素黄R	1.9～3.3 （第一变色范围）	红→黄	0.1%的水溶液
二甲基黄	2.9～4.0	红→黄	0.1g或0.01g指示剂溶于100mL 90%乙醇中
甲基橙	3.1～4.4	红→橙黄	0.1%的水溶液
溴酚蓝	3.0～4.6	黄→蓝	0.1g指示剂溶于100mL 20%乙醇中
刚果红	3.0～5.2	蓝紫→红	0.1%的水溶液
茜素红S	3.7～5.2 （第一变色范围）	黄→紫	0.1%的水溶液
溴甲酚绿	3.8～5.4	黄→蓝	0.1g指示剂溶于100mL 20%乙醇中
甲基红	4.4～6.2	红→黄	0.1g或0.2g指示剂溶于100mL 60%乙醇中
溴酚红	5.0～6.8	黄→红	0.1g或0.04g指示剂溶于100mL 20%乙醇中
溴甲酚紫	5.2～6.8	黄→紫红	0.1g指示剂溶于100mL 20%乙醇中
溴百里酚蓝	6.0～7.6	黄→蓝	0.05g指示剂溶于100mL 20%乙醇中
中性红	6.8～8.0	红→亮黄	0.1g指示剂溶于100mL 60%乙醇中
酚红	6.0～8.0	黄→红	0.1g指示剂溶于100mL 20%乙醇中
甲酚红	7.2～8.8	亮黄→紫红	0.1g指示剂溶于100mL 50%乙醇中
百里酚蓝 （麝香草酚蓝）	8.0～9.0 （第二变色范围）	黄→蓝	参看第一变色范围
酚酞	8.2～10.0	无色→紫红	0.1g指示剂溶于100mL 60%乙醇中
百里酚酞	9.4～10.6	无色→蓝	0.1g指示剂溶于100mL 90%乙醇中
茜素红S	10.0～12.0 （第二变色范围）	紫→浅黄	参看第一变色范围
茜素黄R	10.1～12.1 （第二变色范围）	黄→浅紫	0.1%的水溶液
孔雀绿	11.5～13.2 （第二变色范围）	蓝绿→无色	参看第一变色范围
达旦黄	12.0～13.0	黄→红	溶于水、乙醇

混合酸碱指示剂

指示剂溶液的组成	变色点 pH	颜色		备 注
		酸色	碱色	
一份 0.1％甲基黄乙醇溶液 一份 0.1％亚甲基蓝乙醇溶液	3.25	蓝紫	绿	pH 3.2 蓝绿色 pH 3.4 绿色
一份 0.1％甲基橙溶液 一份 0.25％靛蓝(二磺酸)水溶液	4.1	紫	黄绿	
一份 0.1％溴甲酚绿钠盐水溶液 一份 0.2％甲基橙水溶液	4.3	黄	蓝绿	pH 3.5 黄色 pH 4.0 黄绿色 pH 4.3 绿色
三份 0.1％溴甲酚绿乙醇溶液 一份 0.2％甲基红乙醇溶液	5.1	酒红	绿	
一份 0.2％甲基红乙醇溶液 一份 0.1％亚甲基蓝乙醇溶液	5.4	红紫	绿	pH 5.2 红紫 pH 5.4 暗蓝 pH 5.6 绿
一份 0.1％溴甲酚绿钠盐水溶液 一份 0.1％绿酚红钠盐溶液	6.1	黄绿	蓝绿	pH 5.4 蓝绿 pH 5.8 蓝 pH 6.2 蓝紫
一份 0.1％溴甲酚紫钠盐水溶液 一份 0.1％溴百里酚蓝钠盐水溶液	6.7	黄	蓝绿	pH 6.2 黄紫 pH 6.6 紫 pH 6.8 蓝紫
一份 0.1％中性红乙醇溶液 一份 0.1％亚甲基蓝乙醇溶液	7.0	蓝紫	绿	pH 7.0 蓝紫
一份 0.1％溴百里酚蓝钠盐水溶液 一份 0.1％酚红钠盐水溶液	7.5	黄	绿	pH 7.2 暗绿 pH 7.4 淡紫 pH 7.6 深紫
一份 0.1％甲酚红钠盐水溶液 三份 0.1％百里酚蓝钠盐水溶液	8.3	黄	绿	pH 8.2 玫瑰色 pH 8.4 紫色

沉淀滴定吸附指示剂

指示剂	被测离子	滴定剂	滴定条件	溶液配制方法
荧光黄	Cl^-	Ag^+	pH 7～10(一般 7～8)	0.2％乙醇溶液
二氯荧光黄	Cl^-	Ag^+	pH 4～10(一般 5～8)	0.1％水溶液
曙红	Br^-,I^-,SCN^-	Ag^+	pH 2～10(一般 3～8)	0.5％水溶液
溴甲酚绿	SCN^-	Ag^+	pH 4～5	0.1％水溶液
甲基紫	Ag^+	Cl^-	酸性溶液	0.1％水溶液
罗丹明 6G	Ag^+	Br^-	酸性溶液	0.1％水溶液
钍试剂	SO_4^{2-}	Ba^{2+}	pH 1.5～3.5	0.5％水溶液
溴酚蓝	Hg_2^{2+}	Cl^-,Br	酸性溶液	0.1％水溶液

氧化还原指示剂

指示剂名称	$E^{\ominus}/V$ $[H^+]=1mol\cdot L^{-1}$	颜色变化		溶液配制方法
		氧化态	还原态	
中性红	0.24	红	无色	0.05％的60％乙醇溶液
亚甲基蓝	0.36	蓝	无色	0.05％水溶液
变胺蓝	0.59(pH=2)	无色	蓝色	0.05％水溶液
二苯胺	0.76	紫	无色	1％的浓硫酸溶液
二苯胺磺酸钠	0.85	紫红	无色	0.5％水溶液
N-邻苯氨基苯甲酸	1.03	紫红	无色	0.1g 指示剂加 20mL 5％的 Na_2CO_3 溶液,用水稀释至 100mL
邻二氮菲-Fe(Ⅱ)	1.06	浅蓝	红	1.485g 邻二氮菲加 0.965g $FeSO_4$,溶于 100mL 水中(0.025$mol\cdot L^{-1}$水溶液)
5-硝基邻二氮菲-Fe(Ⅱ)	1.25	浅蓝	紫红	1.608g 5-硝基邻二氮菲 0.695g $FeSO_4$ 溶于 100mL 水中(0.025$mol\cdot L^{-1}$水溶液)

金属指示剂

指示剂名称	离解平衡和颜色变化	溶液配制方法
二甲酚橙(XO)	$pK_a=6.3$ $H_3In^{4-} \rightleftharpoons H_2In^{5-}$ 黄　　　红	0.2％水溶液
K-B指示剂	$pK_{a1}=8$　$pK_{a2}=13$ $H_2In \rightleftharpoons HIn^- \rightleftharpoons In^{2-}$ 红　　蓝　　紫红 （酸性铬蓝 K）	0.2g 酸性铬蓝 K 与 0.4g 萘酚绿 B 溶于 100mL 水中
钙指示剂	$pK_{a2}=7.4$　$pK_{a3}=13.5$ $H_2In \rightleftharpoons HIn^- \rightleftharpoons In^{2-}$ 酒红　　蓝　　酒红	0.5％的乙醇溶液
吡啶偶氮酚(PAN)	$pK_{a1}=1.9$　$pK_{a2}=12.2$ $H_2In^- \rightleftharpoons HIn^{2-} \rightleftharpoons In^{3-}$ 黄绿　　黄　　淡红	0.1％的乙醇溶液
Cu-PAN(CuY-PAN)溶液	$\underline{CuY+PAN}+M^{n+} \rightleftharpoons \underline{MY+Cu-PAN}$ 浅绿　　　　　　无色　红色	将 0.05$mol\cdot L^{-1}$ Cu^{2+} 液 10mL,加 pH 5～6 HAc 缓冲液 5mL,1 滴 PAN 指示剂,加热至 60℃ 左右,用 EDTA 滴定至绿色,得到约 0.025$mol\cdot L^{-1}$ CuY 溶液。使用时取 2～3mL 于试液中,再加数滴 PAN 溶液
磺基水杨酸	$pK_{a1}=2.7$　$pK_{a2}=13.1$ $H_2In \rightleftharpoons HIn^- \rightleftharpoons In^{2-}$ 无色	1％水溶液
钙镁试剂 (calmagite)	$pK_{a2}=8.1$　$pK_{a3}=12.4$ $H_2In \rightleftharpoons HIn^- \rightleftharpoons In^{2-}$ 红　　蓝　　红橙	0.5％水溶液

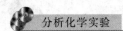

附录四　常用缓冲溶液及其 pH

常用缓冲溶液

缓冲溶液组成	pK_a	缓冲液 pH	缓冲溶液配制方法
氨基乙酸-HCl	2.35 (pK_{a1})	2.3	取氨基乙酸 150g 溶于 500mL 水中,加浓 HCl 80mL,水稀释至 1L
H_3PO_4-枸橼酸盐		2.5	取 $Na_2HPO_4 \cdot 12H_2O$ 113g 溶于 200mL 水后,加枸橼酸 387g,溶解过滤后,稀释至 1L
一氯乙酸-NaOH	2.86	2.8	取 200g 一氯乙酸溶于 200mL 水中,加 NaOH 40g 溶解后,稀释至 1L
邻苯二甲酸氢钾-HCl	2.95 (pK_{a1})	2.9	取 500mg 邻苯二甲酸溶于 500mL 水中,加浓 HCl 80mL,稀释至 1L
甲酸-NaOH	3.76	3.7	取 95g 甲酸和 NaOH 40g 于 500mL 水中,溶解,稀释至 1L
NH_4Ac-HAc		4.5	取 NH_4Ac 77g 溶于 200mL 水中,加冰醋酸 59mL,稀释至 1L
NaAc-HAc	4.74	4.7	取无水 NaAc 83g 溶于水中,加冰醋酸 60mL,稀释至 1L
NaAc-HAc	4.74	5.0	取无水 NaAc 160g 溶于水中,加冰醋酸 60mL,稀释至 1L
NH_4Ac-HAc		5.0	取无水 NH_4Ac 250g 溶于水中,加冰醋酸 25mL,稀释至 1L
六亚甲基四胺-HCl	5.15	5.4	取六亚甲基四胺 40g 溶于 200mL 水中,加浓 HCl 10mL,稀释至 1L
NH_4Ac-HAc		6.0	取无水 NH_4Ac 600g 溶于水中,加冰醋酸 20mL,稀释至 1L
NaAc-H_3PO_4 盐		8.0	取无水 NaAc 50g 和 $H_3PO_4 \cdot 12H_2O$ 50g 溶于水中,稀释至 1L
Tris-HCl (三羟甲基氨甲烷) $CNH_2 \equiv (HOCH_2)_3$	8.21	8.2	取 25g Tris 试剂溶于水中,加浓 HCl 8mL,稀释至 1L
NH_3-NH_4Cl	9.26	9.2	取 NH_4Cl 54g 溶于水中,加浓氨水 63mL,稀释至 1L
NH_3-NH_4Cl	9.26	9.5	取 NH_4Cl 54g 溶于水中,加浓氨水 126mL,稀释至 1L
NH_3-NH_4Cl	9.26	10.0	取 NH_4Cl 溶于水中,加浓氨水 350mL,稀释至 1L

常用标准缓冲溶液的 pH

温度 /℃	(1) 0.05mol·L⁻¹ 草酸三氢钾	(2) 25℃饱和 酒石酸氢钾	(3) 0.05mol·L⁻¹ 邻苯二甲酸氢钾	(4) 0.025mol·L⁻¹ KH_2PO_4 + Na_2HPO_4	(5) 0.01mol·L⁻¹ 硼砂	(6) 25℃饱和 氢氧化钙
0	1.666	—	4.003	6.984	9.464	13.423
5	1.668	—	3.999	6.951	9.395	13.207
10	1.670	—	3.998	6.923	9.332	13.003
15	1.672	—	3.999	6.900	9.276	12.810
20	1.679	—	4.002	6.881	9.225	12.627
25	1.679	3.557	4.008	6.865	9.180	12.454
30	1.683	3.552	4.015	6.853	9.139	12.289
35	1.688	3.549	4.024	6.844	9.102	12.133
38	1.691	3.548	4.030	6.840	9.081	12.043
40	1.694	3.547	4.035	6.838	9.068	11.984
45	1.700	3.547	4.047	6.834	9.038	11.841
50	1.707	3.549	4.060	6.833	9.011	11.705
55	1.715	3.554	4.075	6.834	8.985	11.574
60	1.723	3.560	4.091	6.836	8.962	11.449
70	1.743	3.580	4.126	6.845	8.921	—
80	1.766	3.609	4.164	6.859	8.885	—
90	1.792	3.650	4.205	6.877	8.850	—
95	1.806	3.674	4.227	6.886	8.833	—

附录五　常用基准试剂及干燥条件

基准物质		干燥后组成	干燥条件/℃	标定对象
名　称	分子式			
碳酸氢钠	$NaHCO_3$	$NaHCO_3$	$270\sim300$	酸
碳酸钠	$Na_2CO_3\cdot10H_2O$	$Na_2CO_3\cdot10H_2O$	$270\sim300$	酸
硼砂	$Na_2B_4O_7\cdot10H_2O$	$Na_2B_4O_7\cdot10H_2O$	放在含 NaCl 和蔗糖饱和液的干燥器中	酸
碳酸氢钾	$KHCO_3$	$KHCO_3$	$270\sim300$	酸
草酸	$H_2C_2O_4\cdot2H_2O$	$H_2C_2O_4\cdot2H_2O$	室温空气干燥	碱或 $KMnO_4$
邻苯二甲酸氢钾	$KHC_8H_4O_4$	$KHC_8H_4O_4$	$110\sim120$	碱
重铬酸钾	$K_2Cr_2O_7$	$K_2Cr_2O_7$	$140\sim150$	还原剂
溴酸钾	$KBrO_3$	$KBrO_3$	130	还原剂
碘酸钾	KIO_3	KIO_3	130	还原剂
铜	Cu	Cu	室温干燥器中保存	还原剂
三氧化二砷	As_2O_3	As_2O_3	室温干燥器中保存	氧化剂
草酸钠	$Na_2C_2O_4$	$Na_2C_2O_4$	130	氧化剂
碳酸钙	$CaCO_3$	$CaCO_3$	110	EDTA
锌	Zn	Zn	室温干燥器中保存	EDTA
氧化锌	ZnO	ZnO	$900\sim1000$	EDTA
氯化钠	$NaCl$	$NaCl$	$500\sim600$	$AgNO_3$
氯化钾	KCl	KCl	$500\sim600$	$AgNO_3$
硝酸银	$AgNO_3$	$AgNO_3$	$280\sim290$	氯化物
氨基磺酸	$HOSO_2NH_2$	$HOSCHNH_2$	在真空 H_2SO_4 干燥器保存 48h	碱
氟化钠	NaF	NaF	铂坩埚中 $500\sim550℃$ 下保存 $40\sim50min$ 后，H_2SO_4 干燥器中冷却	

附录六　常用洗涤剂

名　称	配制方法	备　注
合成洗涤剂	将合成洗涤剂粉用热水溶解配成浓溶液	用于一般的洗涤
皂角水	将皂荚捣碎，用水熬成溶液	用于一般的洗涤
铬酸洗液	取 $K_2Cr_2O_7$ 20g 于 500mL 烧杯中，加水 40mL，加热溶解，冷却后，缓缓加入 320mL 浓 H_2SO_4，边加边搅拌，贮于磨口细口瓶中	用于洗涤油污及有机物，使用时防止被水稀释。用后倒回原瓶，可反复使用，直到溶液变为绿色
$KMnO_4$ 碱性洗液	取 $KMnO_4$ 4g 溶于少量水中，缓缓加入 100mL 10% NaOH 溶液	用于洗涤油污及有机物。洗后玻璃壁上附着的 MnO_2 沉淀，可用亚铁盐或 Na_2SO_3 溶液洗去
碱性酒精溶液	30%～40% NaOH 溶液	用于洗涤油污
酒精-浓硝酸洗液		用于洗涤有机物或油污的结构较复杂的仪器。洗涤时先加少量酒精于脏仪器中，再加入少量浓 HNO_3，即产生大量棕色 NO_2，将有机物氧化而破坏

附录七　分解无机样品的一些典型方法

　　根据分解试样时所用的试剂不同，分解方法可分别为湿法和干法。湿法是用酸、碱或盐的溶液来分解试样，干法则用固体的盐、碱来熔融或烧结分解试样。

一、酸分解法

　　由于酸较易提纯（除磷酸外），过量的酸也较易除去。分解时，不引进除氢离子以外的阳离子，并具有操作简单、使用温度低、对容器腐蚀性小等优点，因此应用较广。酸分解法的缺点是对某些矿物的分解能力较差，某些元素可能会挥发损失。

　　1. 盐酸

　　浓盐酸的沸点为 108℃，故溶解温度最好低于 80℃，否则，因盐酸蒸发快，会使试样分解不完全。

　　(1) 易溶于盐酸的元素或化合物是：Fe、Co、Ni、Q、Zn、普通钢铁、高铬铁、多数金属氧化物（如 MnO_2、$2PbO$、PbO_2、Fe_2O_3 等）、过氧化物、氢氧化物、硫化物、碳酸盐、磷酸盐、硼酸盐等。

　　(2) 不溶于盐酸的物质包括灼烧过的 Al、Be、Cr、Fe、Ti、Zr 和 Th 的氧化物；SnO_2，Sb_2O_5，Nb_2O_5，Ta_2O_5，磷酸锆，独居石，磷钇矿，锶、钡和铅的硫酸盐，尖晶石，黄铁矿，汞和某些金属的硫化物，铬铁矿，铌、钽矿石和各种钍和铀的矿石。

　　(3) As(Ⅲ)、Sb(Ⅲ)、Ge(Ⅳ)、Se(Ⅳ)、Hg(Ⅱ)、Sn(Ⅳ)、Re(Ⅶ) 容易从盐酸溶液中（特别是加热时）挥发失去。在加热溶液时，试样中的其他挥发性酸，诸如 HBr、HI、HNO_3、H_3BO_3 和 SO_3 当然也会失去。

　　2. 硝酸

　　(1) 易溶于硝酸的元素和化合物是除金和铂系金属及易被硝酸钝化以外的金属、晶质铀矿（UO_2）和钍石（ThO_2）、铅矿，包括几乎所有铀的原生矿物及其碳酸盐、磷酸盐、钒酸盐、硫酸盐。

　　(2) 硝酸不易分解氧化物以及 Se、Te、As 元素。很多金属浸入硝酸时形成不溶的氧化物保护层，因而不被溶解，这些金属包括 Al、Be、Cr、Ga、In、Nb、Ta、Th、Ti、Zr 和 Hf、Ca、Mg、Fe 能溶于较稀的硝酸。

　　3. 硫酸

　　(1) 浓硫酸可分解硫化物、砷化物、氟化物、磷酸盐、锑矿物、铀矿物、独居石、萤石等，还广泛用于氧化金属 Sb、As、Sn 和 Pb 的合金及各种冶金产品，但铅沉淀为 $PbSO_4$。溶解完全后，能方便地借加热至冒烟的方法除去部分剩余的酸，但这样做将失去部分砷。硫酸还经常用于溶解氧化物、氢氧化物、碳酸盐。由于硫酸钙的溶解度低，所以硫酸不适于溶解以钙为主要组分的物质。

　　(2) 硫酸的一个重要应用是除去挥发性酸，但 Hg(Ⅱ)、Se(Ⅳ) 和 Re(Ⅶ) 在某种程度上可能失去，磷酸、硼酸也能失去。

　　4. 磷酸

　　磷酸可用来分解许多硅酸盐矿物、多数硫化物矿物、天然的稀土元素磷酸盐以及四价铀和六价铀的混合氧化物，磷酸最重要的分析应用是测定铬铁矿、铁氧体和各种不溶于氢氟酸的硅酸盐中的二价铁。

　　尽管磷酸有很强的分解能力，但通常仅用于一些单项测定，而不用于系统分析。磷酸与许多金属，即使在较强的酸性溶液中，亦能形成难溶的盐，给分析带来许多不便。

5. 高氯酸

温热或冷的稀高氯酸水溶液不具有氧化性，较浓的酸（60%～72%）虽然冷时没有氧化能力，热时却是强氧化剂。纯高氯酸是极其危险的氧化剂，放置时它将爆炸，因而绝不能使用。操作高氯酸、水和诸如乙酸酐或浓硫酸等脱水剂的混合物时应格外小心，每当高氯酸与性质不明的化合物混合时，也应极为小心，这是严格的规定。

热的浓高氯酸几乎与所有的金属（除金和一些铂系金属外）都可起反应，并将金属氧化为最高价态，只有铅和锰呈较低氧化态，即 $Pb(II)$ 和 $Mn(II)$。但在此条件下，Cr 不被完全氧化为 $Cr(VI)$。若在溶液中加入氯化物可保证所有的铱都呈四价。高氯酸还可溶解硫化物矿、铬铁矿、磷灰石、三氧化二铬以及钢中夹杂的碳化物。

6. 氢氟酸

氢氟酸分解被极其广泛地应用于分析天然或工业生产的硅酸盐，同时也适用于许多其他物质，如 Nb、Ta、Ti 和 Zr 的氧化物，Nb 和 Ta 的矿石或含硅量低的矿石。另外，含钨铌钢、硅钢、稀土、铀等的矿物也均易被氢氟酸分解。

许多矿物，包括石英、绿柱石、锆石、铬铁矿、黄玉、锡石、刚玉、黄铁矿、蓝晶石、十字石、黄铜矿、磁黄铁矿、红柱石、尖晶石、石墨、金红石、硅线石和某些电气石，用氢氟酸分解将遇到困难。

7. 混合酸

混合酸常能起到取长补短的作用，有时还会有新的、更强的溶解能力。

王水（HNO_3 和 HCl 的体积比为 1:3）可分解贵金属和辰砂、镉、汞、钙等多种硫化矿物，亦可分解铀的天然氧化物，沥青铀矿及许多其他的含稀土元素、钍、锆的衍生物，某些硅酸盐、矾矿物、彩钼铅矿、钼钙矿，大多数天然硫酸盐类矿物。

磷酸-硝酸：可分解铜和锌的硫化物和氧化物。

磷酸-硫酸：可分解许多氧化矿物，如铁矿石和一些对其他无机酸稳定的硅酸盐。

高氯酸-硫酸：适于分解铬尖石等很稳定的矿物。

高氯酸-盐酸-硫酸：可分解铁矿、镍矿、锰矿石。

氢氟酸-硝酸：可分解硅铁，硅酸盐及含钨、铌、钛的试样。

二、熔融分解法

用酸或其他溶剂不能分解完全的试样，可用熔融的方法分解。此法就是将熔剂和试样相互混合后，于高温下，使试样转变为易溶于水或酸的化合物。熔融方法需要高温设备，且引进溶剂中的大量阳离子和坩埚物质，对有些测定是不利的。

1. 熔剂分类

（1）碱性熔剂：如碱金属碳酸盐及其混合物、硼酸盐、氢氧化物等。

（2）酸性熔剂：包括酸式硫酸盐、焦硫酸盐、氟氢化物、硼酐等。

（3）氧化性熔剂：如过氧化钠、碱金属碳酸盐、氧化剂混合物等。

（4）还原性熔剂：如氧化铅和含碳物质的混合物、碱金属和硫的混合物、碱金属硫化物和硫的混合物等。

2. 选择熔剂的基本原则

一般说来，酸性试样采用碱性熔剂，碱性试样采用酸性熔剂，氧化性试样采用还原性熔剂，还原性试样采用氧化性熔剂。但也有例外。

3. 常用熔剂简介

(1) 碳酸盐：通常用 Na_2CO_3 或 $KNaCO_3$ 作熔剂来分解矿石试样，如分解钠长石、重晶石、铌钽矿、铁矿、锰矿等，熔融温度一般在 $900 \sim 1000℃$，时间在 $10 \sim 30min$，熔剂和试样的比例因不同的试样而有较大区别，如对铁矿或锰矿为 $1:1$，对硅酸盐约为 $5:1$，对一些难熔的物质如硅酸锆、釉和耐火材料等则为 $(10 \sim 20):1$，因此通常用铂坩埚。

碳酸盐熔融法的缺点是一些元素会挥发失去，汞和铊全部挥发，Se、As、碘在很大程度上失去，氟、氯、溴损失较小。

(2) 过氧化钠：过氧化钠熔融常被用来溶解极难溶的金属、合金、铬矿以及其他难以分解的矿物，例如，钛铁矿、铌钽矿、绿柱石、锆石和电气石等。

此法的缺点是：过氧化钠不纯且不能进一步提纯，使一些坩埚材料常混入试样溶液中。为克服此缺点，可加 Na_2CO_3 或 $NaOH$。$500℃$ 以下，可用铂坩埚，$600℃$ 以下可用锆和镍坩埚。可能采用的坩埚材料还有铁、银和刚玉。

(3) 氢氧化钠（钾）：碱金属氢氧化物熔点较低（$328℃$），熔融可在比碳酸盐低得多的温度下进行。对硅酸盐（如高岭土、耐火土、灰分、矿渣、玻璃等），特别是对铝硅酸盐熔融十分有效。此外，还可用来分解铅、钒、Nb、Ta、硼矿物、氢化物、磷酸盐以及氟化物。

对氢氧化物熔融，镍坩埚（$600℃$）和银坩埚（$700℃$）优于其他坩埚。熔剂用量与试样量比为 $(8 \sim 10):1$。此法的缺点是熔剂易吸潮，因此，熔化时易发生迸溅现象。优点是快速，而且固化的熔融物容易溶解，F^-、Cl^-、Br^-、As、B 等也不会损失。

(4) 焦硫酸钾（钠）：焦硫酸钾可用 $K_2S_2O_7$ 产品，也可用 $KHSO_4$ 脱水而得。熔融时温度不应太高，持续的时间也不应太长。假如试样很难分解，最好不时冷却熔融物，并加数滴浓硫酸。尽管这样做不十分方便。

对 BeO、FeO、Cr_2O_3、Mo_2O_3、Tb_2O_3、TiO_2、ZrO_2、Nb_2O_5、Ta_2O_5 和稀土氧化物以及这些元素的非硅酸盐矿物（如钛铁矿、磁铁矿、铬铁矿、铌铁矿等），焦硫酸盐熔融特别有效。铂和熔凝石英是进行这类熔融常用的坩埚材料，前者略被腐蚀，后者较好。熔剂与试样量的比为 $15:1$。

焦硫酸盐熔融不适于许多硅酸盐，此外，锡石、锆石和磷酸锆也难以分解。焦硫酸盐熔融的应用范围，由于许多元素的挥发损失而受到限制。

三、溶解和分解过程中的误差来源

1. 以飞沫形式和挥发引起的损失

当溶解伴有气体释出或者溶解是在沸点的温度下进行时，总有少量溶液损失，即气泡在破裂时以飞沫的形式带出。若盖上表面皿，可大大减小损失。熔融分解或溶液蒸发时盐类沿坩埚壁蠕升是误差的另一来源，尽可能均匀地加热坩埚，最好在油浴或砂浴上加热坩埚，或者采用不同材料的坩埚可以避免出现这种现象。

在无机物质溶解时，除了卤化氢、二氧化硫等容易挥发的酸和酸酐以外，许多其他化合物也可能失去。属于形成挥发性化合物的元素有 As、Sb、Sn、Se、Hg、Ge、B、Os、Ru 以及可形成氢化物的元素 C、P、Si 以及 Cr。挥发作用引起的损失能有许多办法防止，在某些情况下，在带回流冷凝管的烧瓶中进行反应即可达到目的。试样熔融分解时，由于反应温度高，挥发损失的可能性大为增加，但只要在坩埚上加盖便可大大减少这种损失。

2. 吸附引起的损失

在绝大多数情况下，溶质损失的相对量随浓度的减少而增加。在所有吸附过程中，吸附物表面的性质起着决定性作用。不同的容器，其吸附作用显著不同，而且吸附顺序随不同溶解物而异。

容器彻底清洗能显著减弱吸附作用。除去玻璃表面的油脂，则表面吸附大为减少。在许多情况下，将溶液酸化足以防止无机阳离子吸附在玻璃或石英上。一般说来，阴离子吸附的程度较小，因此，对那些强烈被吸附的离子可加配位体使其生成阴离子而减小吸附。

3. 泡沫的消除

在蒸发液体或湿法氧化分解试样（特别是生物试样）时，有时会遇到起沫的问题。要解决这个问题，可将试样在浓硝酸中静置过夜。有时在湿法化学分解之前，在 $300\sim400℃$ 下将有机物质预先灰化对消除泡沫也十分有效。防止起沫的更常用方法是加入化学添加剂，如脂族醇，有时也可用硅酮油。

4. 空白值

在使用溶剂和熔剂时，必须考虑到会有较大空白值。虽然现在可以有高纯试剂，但是相对于试样，这些试剂用量较大。烧结技术也作为减少试剂需要量的一种手段，从而降低空白值。

不干净的器皿常是误差的主要来源，例如，坩埚留有以前测定的、已熔融或已成合金的残渣，在随后分析工作中，后者可能释出。另外，试样与容器反应也会改变空白值。例如，硅酸盐、磷酸盐和氧化物容易与瓷舟和瓷坩埚的釉化合。由于这个原因，用石英坩埚较好，石英仅在高温下才与氧化物反应。对氧化物或硅酸盐残渣，铂坩埚最好。在大多数情况下，小心选择窗口材料仍然能够消除空白值。

附录八　常用熔剂和坩埚

熔剂（混合熔剂）名称	所用熔剂量（对试样量而言）	熔融用坩埚材料						熔剂的性质和用途
		铂	铁	镍	磁	石英	银	
Na_2CO_3（无水）	6～8 倍	+	+	－	－	－	－	碱性熔剂，用于分析酸性矿渣黏土、耐火材料、不溶于酸的残渣、难溶硫酸盐等
$NaHCO_3$	12～14 倍	+	+	+	－	－	－	碱性熔剂，用于分析酸性矿渣黏土、耐火材料、不溶于酸的残渣、难溶硫酸盐等
Na_2CO_3-K_2CO_3（1∶1）	6～8 倍	+	+	+	－	－	－	碱性熔剂，用于分析酸性矿渣黏土、耐火材料、不溶于酸的残渣、难溶硫酸盐等
Na_2CO_3-KNO_3（6∶0.5）	8～10 倍	+	+	+	－	－	－	碱性氧化熔剂，用于测定矿石中的总 S、As、Cr、V，分离 V、Cr 等物中的 Ti
$KNaCO_3$-$Na_2B_4O_7$（3∶2）	10～12 倍	+	－	－	－	+	+	碱性氧化熔剂，用于分析铬铁矿、钛铁矿等
Na_2CO_3-MgO（2∶1）	10～14 倍	+	+	+	－	－	－	碱性氧化溶剂，用于分解铁合金、铬铁矿等
Na_2CO_3-ZnO（2∶1）	8～10 倍	－	－	－	+	－	－	碱性氧化熔剂，用于测定矿石中的硫
Na_2O_2	6～8 倍	－	+	+	－	－	－	碱性氧化熔剂，用于测定矿石和铁合金中的 S、Cr、V、Mn、Si、P 辉钼矿中的 Mo 等

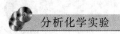

续表

熔剂(混合熔剂)名称	所用熔剂量(对试样量而言)	熔融用坩埚材料						熔剂的性质和用途
		铂	铁	镍	磁	石英	银	
NaOH(KOH)	8～10 倍	－	＋	＋	－	－	＋	碱性熔剂,用于测定锡石中的 Sn,分解硅酸盐等
KHSO₄(K₂S₂O₇)	12～14 倍 (8～12 倍)	＋	－	－	＋	＋	－	酸性熔剂,用以分解硅酸盐、钨矿石,熔融 Ti、Al、Fe、Cu 等的氧化物
Na₂CO₃∶粉末结晶硫黄 (1∶1)	8～12 倍	－	－	－	＋	＋	－	碱性硫化熔剂,用于自铅、铜、银等中分离钼、锑、砷、锡;分解有色矿石烘烧后的产品,分离钛和钒等
硼酸酐(熔融、研细)	5～8 倍	＋	－	－	－	－	－	主要用于分解硅酸盐(当测定其中的碱金属时)

注:"＋"可以进行熔融,"－"不能用以熔融,以免损坏坩埚,近年来采用聚四氟乙烯坩埚,代替铂器皿用于氢氟酸溶样。

附录九　滤器及其使用

国产滤纸厂滤纸规格

编号	102	103	105	120
类别	定量滤纸			
灰分	0.02mg/张			
滤速/(s/100mL)	60～100	100～160	160～200	200～240
滤速区别	快速	中速	慢速	慢速
盒上包带标志	蓝	白	红	橙
实例	Fe(OH)₃ Al(OH)₃	H₂SiO₃ CaC₂O₄	BaSO₄	
编号	127	209	211	214
类别	定性滤纸			
灰分	0.02mg/张			
滤速/(s/100mL)	60～100	100～160	160～200	200～240
滤速区别	快速	中速	慢速	慢速
盒上包带标志	蓝	白	红	橙

注:系北京滤纸厂产品规格。

玻璃砂芯滤器规格及使用

滤板编号	滤板平均孔径/μm	一般用途
1	80～120	过滤粗颗粒沉淀,收集或分布粗分子气体
2	40～80	过滤较粗颗粒沉淀,收集或分布较粗分子气体
3	15～40	过滤化学分析中一般结晶沉淀和杂质。过滤水银,收集或分布一般气体
4	5～15	过滤细颗粒沉淀,收集或分布细分子气体
5	2～5	过滤极细颗粒沉淀,滤除较大细菌
6	<2	滤除细菌

玻璃滤器的化学洗涤液

过滤沉淀物	有 效 洗 涤 液
脂肪、脂膏	CCl_4 或适当的有机溶剂
黏胶、葡萄糖	盐酸，热氨水，5％～10％碱液，或热硫酸和硝酸的混合酸
有机物质	热铬酸洗液，或含有少量 KNO_3 和 $KClO_4$ 的浓硫酸，放置过夜
$BaSO_4$	100℃浓硫酸，或含 EDTA 的氨溶液，浸泡
汞渣	热浓硝酸
HgS	热王水
AgCl	$NH_3 \cdot H_2O$ 或 $Na_2S_2O_3$ 溶液
铝和硅化合物残渣	先用2％氢氟酸，继用浓硫酸洗涤，立即用水洗，再用丙酮重复漂洗，至无酸痕为止

注：1. 新玻璃滤器使用前应先以热盐酸或铬酸洗液抽滤一次，并随即用水冲洗干净，使滤器中可能存在的灰尘杂质完全清除干净。每次用毕或经过一段时间使用后，都必须进行有效的洗涤处理，以免因沉淀物堵塞而影响过滤效果。

2. 玻璃滤器不宜过滤浓氢氟酸、热浓磷酸、热或冷的浓碱液，以免滤板的微粒被溶解，使滤孔扩大，或滤板破裂。玻璃滤器不能过滤加过活性炭的溶液。

参 考 文 献

[1] 李克安主编. 分析化学教程 [M]. 北京：北京大学出版社，2005.

[2] 刘红，李炳奇等编著. 实验化学 [M]. 第2版. 乌鲁木齐：新疆大学出版社，2003.

[3] 张小玲，张慧敏等编著. 化学分析实验 [M]. 北京：北京理工大学出版社，2007.

[4] 张学军，高嵩等编著. 分析化学实验教程 [M]. 北京：中国环境出版社，2009.

[5] 武汉大学化学与分子科学学院实验中心编著. 分析化学实验 [M]. 武汉：武汉大学出版社，2004.

[6] 武汉大学主编. 分析化学实验 [M]. 第5版. 北京：高等教育出版社，2011.

[7] 符斌，李华昌主编. 分析化学实验室手册 [M]. 北京：化学工业出版社，2012.

[8] 黄朝表，潘祖亭主编. 分析化学实验 [M]. 北京：科学出版社，2013.

[9] 张小康主编. 化学分析基本操作 [M]. 北京：化学工业出版社，2006.

[10] 孙英主编. 分析化学实验 [M]. 北京：中国农业大学出版社，2009.

[11] 国家质量监督检验检疫总局. 中华人民共和国国家计量检定规程（常用玻璃量器）JJG 196—2006. 北京：中国计量出版社，2007.

[12] 王芬. 分析化学实验 [M]. 北京：中国农业出版社，2007.

[13] 张金桐，叶非. 实验化学 [M]. 北京：中国农业出版社，2004.

[14] 王尊本. 综合化学实验 [M]. 北京：科学出版社，2005.

[15] 张金艳，王德利. 大学化学实验 [M]. 北京：中国农业大学出版社，2004.

[16] 大连轻工业学院等. 食品分析 [M]. 北京：中国轻工业出版社，2004.

[17] 严拯宇主编. 分析化学实验与指导 [M]. 第2版. 北京：中国医药科技出版社，2009.

[18] Harris D C. Quantitative Chemical Analysis [M]. Sixth Edition. W. H. Freeman, 2002.

[19] 四川大学化工学院，浙江大学化学系编. 分析化学实验 [M]. 第3版. 北京：高等教育出版社，2003.

[20] 大连理工大学无机化学教研室. 无机化学实验 [M]. 第2版. 北京：高等教育出版社，2004.

[21] 黄少云主编. 无机及分析化学实验 [M]. 北京：化学工业出版社，2008.

[22] 徐莉英主编. 无机及分析化学实验 [M]. 第2版. 上海：上海交通大学出版社，2004.

[23] 徐春祥主编. 基础化学实验 [M]. 北京：高等教育出版社，2004.

[24] 朱竹青，朱荣华主编. 无机及分析化学实验 [M]. 北京：中国农业大学出版社，2008.

[25] 浙江大学，华东理工大学，四川大学合编. 新编大学化学实验 [M]. 北京：高等教育出版社，2002.

[26] 孙尔康，马全红，邱凤仙等编. 分析化学实验 [M]. 南京：南京大学出版社，2015.

[27] 任丽萍，毛富春主编. 无机及分析化学实验 [M]. 北京：高等教育出版社，2006.

[28] 张晓明. 分析化学实验教程 [M]. 北京：科学出版社，2008.

[29] 范玉华. 无机及分析化学实验 [M]. 青岛：中国海洋大学出版社，2009.

[30] 罗盛旭，范春蕾，王小红. 无机及分析化学实验 [M]. 北京：现代教育出版社，2008.

[31] 金谷，江万权，周俊英编著. 定量分析化学实验 [M]. 合肥：中国科学技术大学出版社，2005.

[32] 华中师范大学，东北师范大学，陕西师范大学合编. 分析化学实验 [M]. 第4版. 北京：高等教育出版社，2015.

[33] 孙毓庆主编. 分析化学实验 [M]. 北京：科学出版社，2004.

[34] 姚思童，张进编. 现代分析化学实验. 北京：化学工业出版社，2008.

[35] 孙尔康，张剑荣主编. 无机及分析化学实验 [M]. 第2版. 南京：南京大学出版社，2008.